国学百科

衣食文化

总主编 韩品玉

本书编著 赵英兰 张婉清 王文君

山东城市出版传媒集团·济南出版社

图书在版编目（CIP）数据

衣食文化 / 赵英兰，张婉清，王文君编著. —济南：
济南出版社，2021.8

（国学百科 / 韩品玉主编）

ISBN 978-7-5488-4780-9

Ⅰ.①衣… Ⅱ.①赵… ②张… ③王… Ⅲ.①服饰—
文化—中国—古代—青少年读物②饮食文化—中国—古
代—青少年读物 Ⅳ.①TS941.12-49②TS971.2-49

中国版本图书馆CIP数据核字（2021）第165488号

出 版 人　崔　刚
丛书策划　冀瑞雪
责任编辑　孙育臣
装帧设计　侯文英　谭　正

出版发行　济南出版社
地　　址　山东省济南市二环南路1号（250002）
编辑热线　0531-86131747（编辑室）
发行热线　82709072　86131701　86131729　82924885（发行部）
印　　刷　山东新华印刷厂潍坊厂
版　　次　2021年8月第1版
印　　次　2021年8月第1次印刷
成品尺寸　150 mm×230 mm　16开
印　　张　8.25
字　　数　115千
印　　数　1—5000册
定　　价　36.00元

编 委 会

总　序

中华优秀传统文化是民族智慧的结晶，其价值历时而不衰，经久而弥新。对处于学习、成长关键期的青少年来说，优秀的传统文化不仅可以帮助他们汲取知识、开启智慧，而且能提升他们的核心素养，促其全面、健康地成长。因此，加强中小学阶段的优秀传统文化教育，是当前我国教育事业的重要任务。

这项任务的重要性和紧迫性，鲜明地体现在中小学的教学工作中。随着部编本中小学教材在全国的铺开，传统文化内容的比重大幅度提升。面对传统文化内容的激增，许多教师、学生和家长颇感迷茫，不知如何应对。正是在这一形势之下，《国学百科》适时推出。

这套书包括九册：《儒家先哲》《诸子学说》《文学殿堂》《艺术之林》《科技制作》《史地撷英》《人生仪礼》《岁时节令》《衣食文化》。其使用对象，主要是中小学生。

一、本书的特点

——教材内容的关联性

众所周知，传统文化体系庞大、内容繁杂。《国学百科》该怎么选取编纂的基点呢？编写组对全日制中小学教材所涉传统文化内容进行了周详的研判，确定了一项基本编纂原则：丛书所涉知识点要与中小学相关课程有关联。这里所说的"知识点"，体现在丛书各册林林总总的条目上。这些知识点是对教材既有知识的一种打通；难度呢，定位于与教材相当或稍高。如此，便形成了以相应学段和年级的课本内容为中心，渐次向外辐射的知识分布格局。

——学科覆盖的全面性

通观本丛书各册书名，有的明显对应某门课程，如《文学殿堂》对应语文，《史地撷英》对应历史、地理，《艺术之林》对应艺术课。还有些书目，表面上看来与现有课程并不挂钩，实际上关系非常密切。《儒家先哲》《诸子学说》分别从人物和学说的角度切入传统文化的内核，《人生仪礼》正面呈现传统文化"礼"的重要内容，《科技制作》《岁时节令》《衣食文化》分别从传统科技、节日和衣食的维度来讲述传统文化的某一侧面。总体而言，这套书由中小学课程涉及的知识点生发开来，基本形成了全面、完整的传统文化知识体系。

——科学健康的引导性

对中华优秀传统文化的学习，不应只停留在知识的层面，而应通过学习，将知识转化为内在的修养和外在的行动，转化为正确看待问题、解决问题的能力，实现个人的健康成长和全面发展。本丛书以此为理念，在编写中融入科学精神和人文情怀，以潜移默化地引导青少年读者。如翻开《儒家先哲》一书，我们可以看到，古代那些伟大的圣贤，往往不是崇尚空谈的理论派，而是"知行合一""经世致用"的实干家。他们身上所体现的科学精神、创新精神、实干精神，对于提升中小学生的核心素养，引导其健康成长、全面发展，具有积极的作用。

二、本书的价值

——助力获取各门课程的传统文化知识

如前所讲，中小学德育、语文、历史、艺术等课程都大幅增加了传统文化的内容。使用此书，便可帮助学生扫除相关学科的学习障碍。比如学习语文课时，配合使用《文学殿堂》一书，无论寻找人物生平还是查阅作品概览，都极为便利。将课上所学知识与本丛书所讲知识相互印证，还可帮助学生触类旁通。比如学生在学习外语课时遇到了"父亲节"的知识，翻开《岁时节令》一读，也许会"哇"的一声，因它可能会颠覆学生对"父亲节"只在西方的认知，使他们了解到中国曾有自己的"父亲节"。

——利于形成全面的传统文化知识体系

如今的中小学教育，除在各门课程中增加传统文化的比重外，还设置了专门的传统文化课程。这些课程的教材有的侧重于经典诵读，有的分述某一传统文化类型。我们认为除此之外，还应引导学生建立全面的传统文化知识体系。这有助于培养他们认识、理解传统文化的宏观视野。这套涉及传统文化方方面面的《国学百科》，便可作为现有传统文化教材的补充，为中小学生全面、系统地学习传统文化搭建一个台阶。

——积极引导青少年读者的全面发展

学习此书，可突破应考的瓶颈，从为人生打底子的高度，助力读者在获取知识的同时，走上全面、健康的成长之路。《儒家先哲》《诸子学说》中圣贤的伟大人格、动人事迹和高深智慧，将对青少年的品德修养和能力培养产生积极的影响。《科技制作》在普及我国古代科学知识的同时，将创新精神和工匠精神贯穿其中。《人生仪礼》在对人生重要仪礼的介绍中，渗透对生命和亲情的赞美，以此来引导青少年树立正确的世界观、人生观、价值观；全书坚持以现代科学的眼光，辩证地讲解传统仪礼和习俗，以培养青少年的辩证思维能力。《文学殿堂》《艺术之林》有助于青少年感受真善美，培养审美能力。《史地撷英》《岁时节令》《衣食文化》通过对祖国历史、地理、传统节日和传统衣食相关知识的讲解，激发青少年的民族自豪感、国家荣誉感和文化归属感。

　　《国学百科》可丰富传统文化知识，全面提升人文素养，一旦开卷，终身有益！

韩品玉

2020年冬月于泉城吟月斋

目录

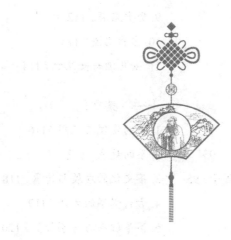

前　言

　　广义国学指中国古代的文化和艺术，既包括形而上的意识形态、思想观念和伦理规范；又包括形而下的衣食住行、岁时节令和婚丧嫁娶等。

　　衣食住行，是人们日常生活中最基本的物质生活需要，也是每个人每天都要经历的事情。在日常生活中，许多常用词语都与衣食住行有关。比如佩服、后裔、冠冕堂皇等，与衣饰习俗有关；斟酌、脍炙人口、无米之炊等，与饮食习俗有关；基础、栋梁、升堂入室等，与居住习俗有关；径直、驷不及舌、倒屣相迎等，与行走习俗有关。而其中的衣饰文化和饮食文化，更是与人类的个体生存和礼制文明密不可分。

　　本书通过介绍传统饮食文化的"吃什么""怎么吃"和"为什么吃"，以及传统衣饰文化的"穿（戴）什么""怎么穿（戴）"和"为什么穿（戴）"，进一步传承我国传统文化与积累国学知识。

《衣食文化》编著者

2020年冬月

一 衣饰文化

1. 衣饰文化释义

衣饰文化，也称服饰文化，是指人们为保护身体器官或美化人体形象所形成的风俗文化事象。

《现代汉语词典》中解释："衣，衣服。"衣服，即衣裳服饰，泛指穿在身上遮蔽身体和御寒的东西。从字源来看，"衣"字是一个名词，象形字。"衣"字本身就沿用了甲骨文的字形：上面像领口，两旁像袖筒，下面像两襟相掩，整个字形就是一件上衣的形状。据《说文解字》解释："衣，依也。上曰衣，下

"衣"字

曰裳。象覆二人之形。凡衣之属皆从衣。"《释名·释衣服》中也解释："上曰衣。衣，依也，人所依以庇（蔽）寒暑也。下曰裳。裳，障也，所以自障蔽也。"这两种解释，不仅说出了"衣"的本义——"依也"（依者，与人相依也，引申为"靠着"），而且说出了衣饰文化产生的原因——衣裳最初的功能是遮蔽身体、御寒防暑。

"饰"古体为"飾"，从巾，从人，食声，是会意兼形声字，动词，本义为刷拭。《说文解字》说："飾，刷也。"引申为古人所佩戴、用以拭物的佩巾；而佩巾有装饰作用，故又引申为装饰、修饰之义。"饰"用作名词，则是佩饰的意思，主要包括衣佩和首饰，泛指与衣服相关的各类装饰物品。

总之，本书所说的"衣"是指衣服；"饰"则指佩饰，包括衣佩和首饰。前者重保护，兼有审美的作用；后者重审美，有的也兼有保护作用。

2. 衣饰的起源

在远古时代，人类穴居野处，过着原始生活，散居各地的原始人类所穿的衣服、戴的首饰也千差万别。有的用树叶、草葛遮挡烈日的暴晒，抵挡风雨的侵袭，防御虫蛇的毒害，以此来保护身体；还有的则用猎获的羚羊、狐狸、獾、兔、鹿、野牛等野兽的皮毛，把身体包裹起来御寒保暖，也就是古人所说的"衣毛而冒皮"。这完全出于实用性的考虑，也是人类衣服和装饰产生的根本原因。

当然，人类最初用以遮体的兽皮、草叶、树皮或用作伪装的毛、鸟羽、兽角、兽头、兽尾等，只能算是衣饰的雏形。直到人类开始磨制骨针、骨锥，懂得了皮革加工、养蚕抽丝、缝制衣服的技术，人类的服饰才脱离萌芽状态。考古学家从旧石器时代的北京房山周口店山顶洞人、浙江余姚河姆渡原始居民和陕西西安半坡原始居民等遗址中，发掘出各种兽骨制成的骨针、骨锥。

人类进入阶级社会以后，伴随着道德感、伦理观、羞耻心与审美观的形成，衣服具有了遮羞美饰、标志身份、遵循礼制等功能。

3. 古代衣饰的内容

古代的衣饰主要包括衣服和佩饰。

"衣服"一词有狭义和广义之分。狭义的"衣服"，专指上衣；广义的"衣服"则包括一切遮盖身体的东西。具体说来，它包括以下内容：一是头衣，也称元服、首服。主要指头上戴的冠、冕、巾、帻（zé）之类的东西，现在俗称帽子、围巾。二是体衣，包括上衣和下衣。古时上曰衣，下曰裳（裙子），即今民间所谓的"衣裳"。上衣，又有长短、内外、厚薄、布裘等区别；下衣，主要包括裳、绔、裈（kūn）、犊鼻裈、蔽膝等。三是足衣。主要指鞋和袜子，如周代的屦（jù）和舄（xì）等。

佩饰即衣佩和首饰，泛指人身上所佩戴的各种装饰物。衣佩，是指古代佩戴在衣服（主要是系在衣带）上的装饰品，其中最普遍的是玉佩。玉佩种类繁多：其中大小不等、形状各异者，谓之杂佩；而最有特色的则为环与玦，分别象征团圆和分离。除玉佩之外，属于衣佩的还有容刀、帨巾、容臭（xiù）等。首饰指插、戴在头上的装饰物，主要包括笄（jī）、簪、钗等发饰以及发髻（jì）的式样。

就发髻的式样来说，每个朝代有不同的审美趋势。比如秦代流行的凌云髻、垂云髻、迎春髻、神仙髻、望仙九鬟（huán）髻、参鸾髻、黄罗髻，汉代流行的椎髻、高髻、三角髻、三鬟髻、双鬟髻、瑶台髻、堕马髻等。就发饰来说，古代妇女一般用笄固定发髻。笄是一种针形的发饰，用以固定发髻或夹住头巾。簪是笄的发展，主要表现为簪的头部增加了更多的纹饰，可用金、玉、牙、玳瑁（dài mào）等材料，常常做成凤凰、孔雀的形状。

除衣佩和发饰之外，作为装饰的器物还有颈饰、臂饰〔包括手镯、臂钏（chuàn）等〕、手饰（指环、扳指等）、带具等。现在的手绢、扇子、阳伞、手提袋、钱包、化妆包、项链、耳坠，以及足上的脚镯、腰间的皮带、脖子上的项圈等，都属于佩饰的范围。

此外还有"人体饰"，即出现在人体某些器官上的一些特殊的修饰，如发型、齿型、文身、足型等。在发型方面，中国自古就有戴假发的风俗，例如春秋时期，女子不仅流行时样髻，而且盛行戴假发。文身，又称刺青、扎青等，是一种用针刺破皮肤，并在创口上敷以颜料，从而使皮肤上带有永久性花纹、图案或字样的技术。而中国古代女子的足型装饰，即缠足的风俗，更是世界衣饰文化史上一种极为少见的人体装饰。

综上所述，衣饰习俗的范围主要包括衣服、佩饰和人体三个方面，其内容也是相当广泛的。

4. 古代的衣饰特点

古代的衣饰特点主要体现在衣服的形制上。衣服形制分为上衣下裳制、衣裳连属制两种基本类型，我国古代出现的服饰基本遵循了这两种服饰形制。

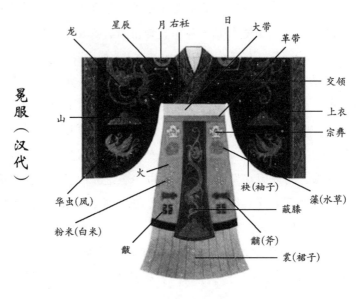

上衣下裳

上衣下裳制，在商周时期十分流行。这个时期的服装，不分男女，一律做成上下两截。上衣的形状多为交领右衽（rèn），用正色，即青、赤、黄、白、黑五种原色；下裳类似围裙的形状，腰系带，下系芾，用间色，即以正色调配而成的混合色。"裳"在最初，只是将布裁成两片围在身上。到了汉代，才开始把前后两片连起来，成为筒状，也就是现在所说的"裙"。上衣下裳制的服装在后来又被称为"短打"。因为其便于劳作，多为劳动人民所穿。随着服饰的发展演变，裳变为裤子。上衣下裳制对后来的衣服形制产生了重要影响。

从现在出土的原始社会的衣物来看，衣裳连属制出现的时间较晚一些，其主要代表服饰为深衣。春秋战国时期，人们把上衣下裳连成一体，形成一种服装，因为"被体深邃"而得名"深衣"。其特点是使身体深藏不露，雍容典雅。在战国、西汉时期，深衣一直是一种主要的衣式，不分尊卑，人人皆可穿。深衣的制作材料多用麻布，衣领、袖、襟等部位则镶以异色边缘。东汉时期，其制作材料多用彩帛。魏晋以后，深衣渐渐被冷落。但是以后的袍服、长衫、旗袍等有深衣的影子，就连今天的连衣裙也可以看作深衣的延续。

5. "上衣下裳"的来历

上古时代，人们已经能够利用自己的双手制作衣服，这时的衣料大致分为植物（树叶、麻、草叶等）与动物（皮、毛等）两大类。但是衣服的形制没有统一规定，多根据实际需要随意搭配。相传在黄帝时期，我国确立了第一种服饰形制。那时是我国各种制度草创的时代，服饰制度也不例外。黄帝和他的大臣伯余、胡曹观察自然，受到启发，设计出上衣下裳。他们赋予服装形制以特定的含义，上衣像天，用玄色；下裳在下方如大地，用黄色，以此表达对天地的崇拜。这样，中国古代第一种服饰形制——上衣下裳制就形成了。上衣下裳，在祭祀时显得尤为庄严而有序，逐渐成为一种礼仪制度。后来人们提及上衣下裳服饰的起源，就会想起黄帝"垂裳而天下治"的传说。据《易·系辞下传》记载："黄帝、尧、舜垂衣裳而天下治，盖取诸《乾》《坤》。"这一传说在甘肃出土的彩陶中已得到了印证。

6. "披发左衽"与"束发右衽"

人类最初的发式为披头散发，随着审美观念的形成，人们开始对自己的外在形象加以修饰。有的人开始梳理、盘拢披散的头发，利用辅助饰品将盘拢的头发加固，这就是束发。

所谓衽（rèn），其实就是衣襟。传说黄帝在制作衣服时，交领右衽，即用左边的一片衣襟包住右边的一片衣襟，这样衣服领子的样子看起来就像字母"y"的形状。人们将上衣为交领斜襟、衣襟向右掩

"束发右衽"的雕塑

的穿衣形式，称为右衽；衣襟向左掩，则称为左衽。在当时，人们普遍认为左衽是尚未开化的蛮夷穿的，因此"披发左衽"往往指不讲礼仪文明的野蛮之邦。孔子曾说过一句话："管仲相桓公，霸诸侯，一匡天下，民到于今受其赐。微管仲，吾其披发左衽矣。"意思是，管仲辅助齐桓公，称霸诸侯，匡正天下，人民到今天还能感受到他带来的好处。如果没有管仲，我们恐怕也要披散头发、衣襟向左开了。

因此，当这两对词语合在一起使用时，分别代表不同的含义。披发左衽代表野蛮、落后，束发右衽代表文明、开化。

7. 五花八门的"带"

古代腰带名目繁多，形制也十分复杂。但按照制作材料，可分成两类。

一类以丝帛制成。主要有襟带、大带、绅带、缟（gǎo）带、丝绦；还有一些特殊的丝帛带子，如勒帛、直系、裹肚、手巾、抹布。早期的服装多无纽扣，而以带结束。衣内系以襟带、裙带、裤带等；衣外则束以丝绦，以免衣服散开。古称"襟带"，或称"丝绦"；也有将这两种腰带统称为大带的。大带是带的一种，但与实用之带不同，其作用主要为装饰。多以丝帛制成，由后绕前，于腰前缚结，将多余的部分自然垂下。缠于腰际的部分为"带"，下垂的部分为"绅"，因而大带又称为"绅带"，后来演变为礼服上的一种腰饰。绅带的宽窄、长短、材质等，

带

是身份地位的象征，身份越高，垂绅越长。据《礼记·玉藻》："天子素带，朱红衬里，滚边为饰；诸侯素带、素里，加滚边；大夫素带、素里，腰后不加滚边，腰前及垂饰部分加滚边；士用练带，无衬里，下垂部分加滚边；居士用锦带；在学弟子用缟带。绅带尺寸：士绅长三尺，有司二尺有五寸；大夫以上带宽四寸，士以下二寸。"这实际上是规定了所系绅带的材质及长短。

另一类是以皮革为材料的带子，古称"鞶（pán）革"，或称"鞶带"。这一类带子名目较多，如韦带、钩络带、蹀躞（dié xiè）带、笏（hù）头带等。在秦汉以前，男子多用革带，女子一般多系丝带。韦带是最简单的皮带，由熟皮制成，没有任何装饰，系带方式如布带。因其佩戴群体多为庶民，与"布衣"一样，"韦带"也成为平民的代名词。钩络带是一种加带镴（jué）的胡带。蹀躞是一种带扣的皮带，用圆环加挂饰品。笏头带不加挂环，仅以銙（kuǎ）牌为装饰，因带尾被制成笏头状而得名。

8. 古代的鞋子

古时常以兽皮制鞋，因此鞋的称谓多以革字为部首，如靴、鞋、鞮（dī）、鞜（tà）。另外，鞋的别称还有履、屐、屣（xǐ）、屦（jù）、舄（xì）等。如何区分这些鞋子呢？据《说郛（fú）》引唐代留存《事始·鞋》所载："古人以草为屦，皮为履，后唐马周始以麻为之，即鞋也。"最早的鞋子式样是十分简陋的。到了殷商时期，

周代麻屦（湖北宜昌楚墓出土）

秦汉翘头履

鞋的式样、做工已非常考究，用料、颜色、图案也有了严格的规范。

周代鞋子成为身份等级的标志。据《周礼·天官·屦人》记载："屦人掌王及后之服屦，为赤舄、黑舄、赤繶（yì）、黄繶、青句、素屦、葛屦。"后期出现的靴子主要受北方胡人的影响。胡人骑马多穿有筒之靴，便于骑乘。后来赵武灵王引进胡服的同时，也引进了胡人的靴子。

汉代的鞋靴更加人性化，如丝织的靴子有色彩和图案上的变化；造型也很简练，较适合脚的形状，主要有平头履、翘头履等。鞋靴使用的材料广泛，有牛皮、丝织物、麻编物、草葛等。

南朝偏居南方，盛行木屐，官民都可穿。除了木屐，还有缎履、丝麻履等。草鞋是一般士人或百姓所穿的鞋子，用南方出产的蒲草类植物编结而成；北方游牧民族依旧穿靴。

穿靴子的汉代武士

唐代沿袭隋制，靴子是官员的常服。当时的鞋子主要有翘头履、平头履、平头鞋（yào）靴、翘头鞋靴等，后改长鞋靴为短鞋靴，并加毡（zhān）。妇女鞋子的款式多为凤头式翘起，防止踩到裙摆。其他的鞋子，有高头、平头、翘圆头等式样，有的绣有虎头纹样或鞋帮绣有锦文。

宋代的鞋式初期沿袭前代制度，朝会时穿靴，后改成履。靴筒用黑革做成，内衬用毡，各官职依服色穿不同颜色的鞋。按材料取名，平民所穿的鞋有麻鞋、草鞋、布鞋等，其中麻草编制的鞋最为普遍。南方人多穿木屐，如宋诗"山静闻响屐"，形容穿着木屐在山中行走的情形。女子的鞋面常用红色，鞋头为尖形上翘，有的做成凤头，鞋边上有刺绣；劳动妇女亦有穿平头、圆头鞋或蒲草编的鞋的。

明代的服制对鞋式的规定很严格，无论官职大小，都必须遵守服制，在何种场合得穿何种鞋。如儒士生员等准许穿靴；校尉力士在当值时允许穿靴，外出时不能穿靴；其他如庶民、商贾等都不许穿靴。这些靴子也分为朝靴和普通靴。朝靴为君臣上朝时所穿，底头上翘；普通靴为日常足衣，公职人员也可穿靴，靴头呈圆形，不上翘。

清代鞋制沿袭明代，文武百官及士庶可穿靴，而百姓很少穿靴子。清代的靴头多为尖头式，少量为平底式。靴底由初期的轻型底变为笨拙的厚底，用通草做底。一般士人的鞋由缎、绒、布料制成，鞋面浅而窄。百姓穿草鞋、棕鞋、芦花鞋等，拖鞋此时也流行开来。满族妇女穿旗鞋，即高底鞋；汉族妇女多缠足，穿卷云形弓鞋。小男孩多穿虎头鞋，寓意虎头虎脑，茁壮成长。

衣饰文化

19

9. 古代的袜子

"袜子"一词最早见于《中华古今袜子注》："三代及周着角韈（wà），以带系于踝。""角韈"应该是用兽皮制作的原始袜子，所以写作"韈"。后来，随

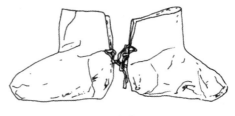

汉代的袜子

着纺织品的出现，袜子的制作材料改为布、麻、丝绸，"韈"也相应地改为"袜"。这时"袜"的样式没有实质性的变化，其形制大致可以分为有筒袜、系带袜、裤袜、分趾袜、光头袜和无底袜六种。其中有筒袜的袜筒长短不一，有的长至腹部，有的仅至踝间；系带袜是为了穿着时不易脱落；分趾袜是将拇指与另外四趾分开，形如丫状；光头袜和无底袜多用于古代缠足的妇女，俗称半袜。

袜子伴随服饰的发展而变化，每一次的革新都闪耀着人类智慧的光芒。

夏、商、周时期的袜子呈三角形，属于系带袜，只能套在脚上，然后再用绳子系在脚踝上。这种袜子一直延续到汉代；直到东汉末年和三国时期，三角袜才开始被一种新型的袜子代替。自纺织品出现后，人们的袜子开始用纺织品制作，不过皮袜仍然存在，特别是在寒冷的冬天，皮袜往往比布帛的袜子更加保暖实用。周代人穿袜有着非常严格的礼仪规范。臣下拜见君王时，必须先将履袜脱掉才能登堂，不然则是失礼，甚至会招来杀身之祸。

秦汉时期的袜子是用熟皮和布帛做成的，富贵人家可穿丝质的袜子。袜高一般一尺有余，上端有带，穿时用带束紧上口，多为白色，但祭祀时用红色。袜子中最精致的当属用绢纱做的，其上绣有花纹。袜子形制多为袜头齐，靿后开口，开口处附袜带，用绢、纱制成。袜为双层，袜面用较细的绢，袜里用稍粗的绢。这一时期见于史籍的还有绒袜、毡袜、锦袜、绫袜、纻（zhù）袜等。西汉时期的袜子还比较质朴；东汉时织袜技术已经十分高超，如新疆民丰尼雅1号墓出土的东汉足衣，所用的锦需要75片提花综才能织成。

魏晋南北朝时期，男子的袜子多用纻麻制成，坚固耐穿；女子的袜子多用绫罗制作，舒适柔软。相传魏文帝曹丕有个美丽聪明的妃子，试着用稀疏而轻软的丝编织袜子，并把袜子的样式由三角形改成了类似现代的袜型。于是，袜子由过去的"附加式"变成了贴脚的"依附式"。

唐代妇女的袜子依旧为绫罗袜，后出现棉袜。江浙一带出于穿木屐的需要，出现分趾袜，俗称"丫头袜"。男袜依旧为纻罗袜，冬季穿一种厚实的罗袜。

宋代出现了裤袜。从江西德安出土的绸女裤袜来看，这种袜子一般呈圆头形，靿后开口，并钉有两根丝带，袜脚下缘缝有一周环绕的丝线，中间用丝线织成袜底。这一时期，男子已开始穿布袜；妇女受缠足影响，袜子多做成尖头、弓形。除了有底袜，还有一种无底袜，有袜筒，无袜底，俗称"半袜"；因裹在膝盖上，又称"膝袜"。

元代棉花广泛种植后，袜子多用棉布制作。

到了明代，人们在冬季穿棉袜，夏季穿暑袜。嘉靖年间，民间流行毡袜；万历年间以后，男子开始穿油墩布袜。随着手工业的发展，贵族穿白色羊绒袜，平民则穿旱羊绒袜。

清代，民间的袜子一般用棉布制成，贵族则用绸缎制作满洲袜。满洲袜流行于清代前期，特点为袜口镶边，如故宫所收藏的皇帝的袜子多以金缎镶边，通绣纹彩。

二 发型与头饰

1. 古人的发型

人们有了羞耻心以后，开始美化自我，不断生长的头发始终困扰着人们，影响美观。为此人们在解决温饱问题后，开始着手修整头发。中国古人也不例外，远在史前时代，他们就开始用梳子梳头，用笄固发，用装饰品美发。其中，妇女的发型更为多样，这可能是父系社会的产物，当时的妇女社会地位低，为取悦丈夫，不惜在发型上做文章。

先秦时期，依旧流行原始时期的披发、断发、梳辫等发式。此时的发髻形式比较简单，多为锥状；到战国时期，开始出现复杂的发型，并且大量发髻的饰品出现。这些都可从目前出土的文物资料中找到证据。如河南安阳殷墟出土的玉人，结发至顶、脑后垂辫；洛阳出土的战国时期的玉雕人，梳有垂髻。

秦汉时期，发型复杂多样，如秦始皇兵马俑中的士兵有多种发髻。这一时期发髻的主要特点是，发髻不高，多垂于颅后或肩部；在日常生活中，髻上不加饰物，以顶发向左右平分式较为普遍。到东汉时期，发髻从颅后移至头顶，锥髻或椎髻为平民男女普遍发式，高髻在少数贵族女子中流行。秦汉时期流行的发髻：秦有望仙九鬟髻、凌云髻、垂云髻等，汉有坠马髻、盘桓髻、分髾髻、百合髻等。与此同时，发式妆饰也日趋流行。

发髻

到魏晋南北朝时期，发型名
目繁多，发式的妆饰也由质朴趋
于奢华；发式造型崇尚高与大。
据《妆台记》记载："太元中，
王公妇女必缓鬓倾髻以为盛饰，
用发既多，不可恒戴，乃先于木
及笼上装之，名曰假髻，或名假
头。至于贫家不能自办，自号无
头，就人借头。"当时的妇女为使
自己的发髻好看，不惜戴假发。

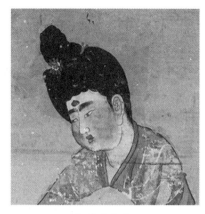

唐代堕马髻

与此同时，受各民族文化相互交融的影响，发式及妆饰多种多样。据
各种杂记记载：魏有灵蛇髻、反绾髻、百花髻、芙蓉归云髻、涵烟
髻，晋有缬（xié）子髻、坠马髻、流苏髻、蛾眉惊鹄髻、芙蓉髻，宋
有飞天髻，梁有回心髻、归真髻，陈有凌云髻、随云髻。

　　唐代开放的国风促进了中外文化交融，在发型上也有所展现。这
一时期的发式和妆饰极为丰富多彩。据现存资料记载，唐有半翻髻、
惊鹄髻、倭（wō）坠髻、望仙髻、回鹘髻、角髻、云鬟等。当时一
些发式取名云髻、云鬟、云鬓等，是一种极为形象化又恰如其分的形
容，鸦、云、绿云、青云、青丝等常被古人用来借指妇女头发又密又
黑之貌。鬓式又与发式相搭配，各式鬓角厚薄不一，疏密有致，大小
不等，其名如蝉鬓、丛鬓、轻鬓、云鬓、雷鬓、圆鬓等。

　　宋代妇女的发式多承晚唐五代遗风，亦以高髻为尚。例如在福
建福州南宋黄升墓中出土的球形高髻，此种高髻大多掺杂着从他人头
上剪下来的头发。甚至有人直接用剪下来的头发编结成各种不同式样
的假髻，需要时直接戴在头上。其使用方法类似于今日的头套，时为
"特髻冠子"或"假髻"。除此之外，宋代的发式主要有朝天髻、包
髻、双蟠髻、三髻丫、流苏髻、同心髻。

　　辽国男子的发式别具一格。按契丹族习俗，多髡发，将头顶的
头发剃去，只留耳侧两撮头发。妇女发式则较前代相接近，一般都梳

顶梳锥髻、高髻、双髻、螺髻等；但有少数披发者，额头处以巾带结扎，谓之帕巾。

金国人以辫发为时尚，男辫垂肩，女辫盘髻。据《大金国志》记载："金俗好衣白，栎发垂肩，与契丹异。垂金环，留颅发系以色丝，富人用金珠饰。"

元代虽与金国同样髡发，但蒙古族男子仅剃除头顶及前额两侧的头发，在前额留一撮刘海。这种发型称为"婆焦"，是上至帝王下至百姓的通用发型。据《蒙鞑备录》载："上至成吉思汗，下及国人，皆剃婆焦，如中国小儿留三搭头，在囟（xìn）门者稍长则剪之，两下者总小角，垂于肩上。"

明初基本承袭了宋元时期的发式。嘉靖以后，妇女的发式有了明显的变化，"桃心髻"是当时时兴的发型，妇女将发髻梳成扁圆形，再在髻顶饰以花朵。以后又演变为金银丝挽结，且将发髻梳高，髻顶亦装饰珠玉宝翠等。其变形发式有"挑尖顶髻""鹅胆心髻""堕马髻"等，种类繁多。还有其他发式，如一窝丝、双螺髻、假髻、牡丹头、杭州攒等。

清代统治者在关内建立政权以后，强令汉族男子遵循满族习俗，剃发留辫，将头顶及两侧的头发剃光，只留脑后部分头发，并编成辫子。清代初期，满汉两族妇女的发式及妆饰还各自保留着本民族的特点。满族女子梳旗头，如架子头、两把头，其中的两把头又叫大拉翅，为满族妇女特色发式；汉族妇女还是梳晚明发式，以后逐步有了明显的变化。清中期以后，汉族妇女开始梳颅后发髻，特别崇尚高髻，如模仿满族宫女的发式，将头发均分成两把，俗称"叉子头"。此后又流行平头，谓之"平三套"或"苏州撅（juē）"。此髻老少皆宜，一改高髻风俗。头发装饰也很有特色，老年妇女多好佩戴的"冠子"即是一例。

2. 戴假发与时样髻

就中国来说，自古及今都有戴假发的风俗。这是为何？古代妇女以长发为美，头发的长度成为衡量女子容貌的一个标准。长发的妇女梳起发髻，尤其是在流行梳高髻的时候自然风光无限；而那些头发稀疏的妇女，在自己的头发里掺入一些假发，也能达到时尚的标准。春秋时期，女子就盛行戴假发。当时叫"鬄（dí）"；用假发制成的发髻叫"副"，又称为"副贰""编""次"等。魏晋时期，贵妇流行佩戴一种名为"蔽髻"的假发。有时为了使发髻高耸，还在发髻中夹杂衬物。而这些衬物多种多样，材料多为铁质、铜质、银质等，以其数量的多少划分等级。贫家女子因无钱置办假髻，为应付一些必要场面，就设法借用别人的，由此产生"借头"一说。唐代还出现过用来衬垫发髻的"环钗""乱发""藤木"等。宋代的朝天髻就是一种假髻。明代宫中侍女、妇人钟爱一种名为"鬏（jiū）髻""发鼓""假髻"的饰物，当时有"宫女多高髻，民间喜低髻"之说。此类假髻形式大多仿古，先用铁丝编圈，再盘织上头发，即成为一种待用的妆饰物。明末清初特别流行假髻，在一些首饰店铺中，还有现成的假髻出售。

每个朝代都有流行的发髻样式，多为贵妇所梳。秦有望仙九鬟（huán）髻、凌云髻、垂云髻等。汉有堕马髻、盘桓髻、分髾髻、百合髻等。南北朝时期，魏有灵蛇髻、反绾髻、百花髻、芙蓉归云髻、涵烟髻，晋有缬子髻、坠马髻、流苏髻、蛾眉惊鹄髻、芙蓉髻，宋有飞天髻，梁有回心髻、归真髻，陈有凌云髻、随云髻，北朝妇女有叉手髻，北齐有偏髻等。隋有迎唐八鬟髻、翻荷髻等。唐有云髻、云鬟、云鬓、宝髻、乐游、愁髻等。宋代有朝天髻、包髻、双蟠髻（龙蕊髻）、三髻丫等。明代有桃花髻、桃尖顶髻、鹅胆心髻、仿汉代的堕马髻、双螺髻、假髻、牡丹头等。清代有叉子头、平三套、苏州撅、大拉翅等。

3. 古人剪发

古人常说"身体发肤，受之父母，不敢毁伤"，可见古人很看重头发。古人从不理发吗？至少清代人是理发的，政府颁布剃发易服令，为此有的地方还抗争过，最后还是顺从了。那么清代以前的人从不理发吗？并不是这样的。早在汉代，便已出现以理发为职业的工匠；到宋明时期，理发业更为发达。古时理发师和现在一样，不仅理发，也替人盘头梳髻，修剪胡须。通过外文书籍也可了解中国古人的剪发情况，如《源氏物语》记载，学习汉文化的日本贵族会找吉日修剪过长的头发，并且将头发收集起来做成假发。古代男子以拥有美须为荣，如美髯公关羽。如果不修剪护理，胡子会沿着整个下巴和两腮乱长，甚至长成虬须，如张飞。中国古人有将修剪下来的头发、胡须收集起来，最后随自己带进坟墓的习俗。如今在一些地方还保留着这样的风俗，老人们将脱落的头发、剪下的指甲收集起来，然后找地方藏起来。这应该是"身体发肤，受之父母"的体现。以上情况足以证明，中国古人是理发的。

4. 披发与绾髻

披发是人类最初的一种原始发式，当时生产力低下，男女皆披散头发，任其生长。进入文明时期以后，我国西北地区还保留着"披发覆面"的习俗。关于这种习俗的起源，流传着一个传说：羌族首领爱剑爱上一个遭受劓（yì）刑的女子，并与她结成夫妇。这个女子为遮挡自己的缺陷，将头发披散开，挡住脸部。羌族人见状，纷纷仿效，于是成为习俗。披发有两种形式，一种是使所有头发下垂；另一种就是"断发"，是随着生产力的发展、生产工具的丰富，人类具备一定的审美之后产生的发式。

绾髻出现的时间较披发晚一些，大约出现在新石器时代中晚期，具体时间尚无定论，但是作为绾髻的有力物证——发笄在新石器时代的墓地被发现。这说明当时人们已经懂得将头发梳起来，盘成发髻，用发笄加固。考古发现，这类发笄多出现在中原地区，其他周边地区也零星出现过一些发笄，说明中原最先使用发笄并流行开来，影响了周边地区。1972年，甘肃灵台百草坡西周墓出土的一件玉人，头发被扎在头顶部，盘曲状如蛇，是一种原始的"发髻"造型，这也是迄今发现的最早的发髻造型。在周代，逐渐形成及笄礼，即女子在十五岁时行笄礼，如果许嫁（订婚），就可以将头发盘起，插上发笄，结成人发髻。

5. 髡刑与剃发

髡刑是上古五刑之一，指剃光犯人的头发和胡须。髡刑是以人格侮辱的方式对犯人实施的惩罚。髡刑源于周代，王族中犯宫刑者，以髡代宫，即断长发为短发。到了秦代，髡刑失去了这一性质，成为一种单纯的刑罚。蓄发留须是中国古代男子的正常状态，髡刑是将罪犯的发须强行剃除，使罪犯处于一种明显的非正常状态，使其痛苦。如三国时期，有一个割发代首的故事。在一次行军中，曹操下达了任何人不得践踏农田的命令，谁的马踩坏着麦子就意味着犯了杀头的大罪，所以曹操的骑兵全部下马，小心翼翼地走。曹操自己没有下马，由于马受惊，跳到麦田里，践踏了麦苗。曹操马上下马，把军法官叫来，问该当何罪？军法官说，杀头。曹操刚要举刀自尽，被众将拦下。最后曹操说："我就割头发代替我的头吧！"魏晋南北朝时期，佛教流行。因为佛教徒是剃光头的，而且又不结婚，世人认为这是大不孝行为，所以当时的人蔑称他们为"髡人"。

剃发，即髡发，将头顶的头发及耳侧的头发剃去。在中国古代北方、鲜卑、乌桓等少数民族有髡发的习俗。他们过着游牧生活，髡发与辫发、束发相比，更便于骑马。

五代以后，契丹族仍保留着髡发的习俗。除了男子，契丹女子也流行髡发。另外，还有"剃发"事件。1644年，清军攻入关内。次年，多尔衮采纳身边谋士金之俊的建议，对整个汉族实施髡刑。剃去顶部头发，仅留脑后铜钱大小的头发，编成辫子，俗称"金钱鼠尾"。这个事件就是史上有名的"剃发"事件。

髡发

6. 古代男女发型之异同

上古时期，男女皆披头散发，即披发。随着审美意识的提高，男女的发型有了差别，不再是千篇一律的披头散发，而是披发、辫发、断发、绾髻等多种样式并存，并且在各个朝代又有所不同。商周时期，男女流行辫发。战国时期，流行梳发髻。男女的发髻比较简单，一般用骨笄将头发固定在发顶，用羊毛系结而挽髻，男女发型皆较简便自然。从文献记载看，古时未成年男女的发型基本相同，同为"角髻"。有身份的男子20岁成年时则加冠，没身份的庶人裹巾，将头发束起；女子行"及笄"成年礼时则梳髻，用笄将盘起的发髻加固。后来随着冠制的完善，男人的发髻则被冠、巾、帻、帽、盔等所遮盖，而女人的发髻则逐渐富丽多姿，更有头发稀少的妇女为追求美佩戴假髻。据记载，秦始皇信奉仙道之术，崇尚仙女发型，令宫中后妃浓妆艳饰，发型多变并且新奇，于是宫中妇女相互模仿，不断创新，使发型与装饰更加丰富、侈靡。这种风尚对后人产生了重要影响，特别是汉、唐两代，发型的装饰精致而艳丽。元、明两代，发型不作为审美的重点，逐步趋向简约，高髻也逐步减少。清代则以满制为主，男人梳有长辫，女人发型则以后垂髻为主；清代晚期，汉族女子又恢复了编发的习俗。

7. 古代儿童的发型

总角

古代婴儿出生3个月后，剪除胎发，具体做法是将额头外的头发剃除，留下的这撮头发叫"鬌（duǒ）"。儿童随着成长，头发渐多，在七八岁的时候，将头发束于头顶，结成两个小发髻，形状与牛角类似，称为"总角"或"总髻"。后来人们习惯用"总角"代指童年，如《诗经·卫风·氓》里就提到"总角之宴，言笑晏晏"，描写主人公幼年时梳着总角参加宴会的场景。另外，没有被编入两髻的余发，任其自然下垂。这部分余发在古时被称为"髫（tiáo）"，专指儿童发式，也成了儿童的代名词，如陶渊明的《桃花源记》记"黄发垂髫，并怡然自乐"。唐宋时期，人们会给10岁的儿童头上编10个小发髻，每个发髻上再扎上穗带，合为十穗，象征"十岁"，称为"葡萄髻"，以此为儿童祈福，保佑平安。

女童的髻发，被称为"羁"，其型往往为十字型。在《礼记》中有"男角女羁"的说法。

随着童年时代的结束，男女发式发生了变化。男子在加冠之前将头发合为一髻；而女子在未行笄礼之前，头发被编成两个发髻，分列左右，成丫状，故称"丫髻"或"丫头"。

8. 古代的发饰

发饰是插戴在头上的装饰物，是古人为追求美而给自己的头发添加的点缀。这些饰品大致可分为天然发饰、束发发饰、插发发饰、步摇、巾帼、华胜、发卡及缀饰等。天然发饰主要有花草饰品、羽毛饰品、兽牙饰品等。束发发饰主要有发箍及发冠。发箍最早在新石器时代的墓穴中就已发现，商周时仍然流行，但到汉唐时，发箍已不多见了。插发发饰主要有笄、簪、钗、擿（zhì）、梳等。古代妇女一般用笄固定发髻，笄是一种针形的发饰，用以固定发髻或别住头巾。簪是笄的发展，主要表现在簪的顶部增加了更多的纹饰，可用竹、石、陶、兽牙、金、铜、银玉、玳瑁等制作，常常做成凤凰、孔雀的形状。擿是将头部做成可以搔头的簪子，俗称玉搔头。据《西京杂志》记载，汉武帝的李夫人，就取玉簪搔头，自此后宫之人搔头皆用玉簪。唐代诗歌："婵娟人堕玉搔头。"也指这种簪子。巾帼是汉代时用牛尾毛或布帛编成形似发髻的头套。华胜是制成花草形状插于髻上或缀于额前的装饰。汉时在华胜上贴金叶或贴上翠鸟的羽毛，使之呈现闪光的翠绿色。据《续汉书·舆服志》记载，汉代妇女标准的发饰："耳珰垂珠，簪以玳瑁为擿，长一尺，端以华胜。"此外，发卡及缀饰有花钿，分为金钿、玉钿、翠钿等。

9. 贵族戴冠与平民戴帻

在阶级社会，冠帽是贵贱等级的标志。贵族都可戴冠，但等级不同，则冠帽不同；贫贱无身份的人不准戴冠。到汉代时对冠制有了明文规定：官戴冠，民戴帻（zé）或束发髻。即使王莽时期及以后开始流行冠衬帻，但冠帻的配合也有规定。

帻是古代包扎发髻的巾，起初与巾无异，都是"以绛帕首"。关于帻的起源，有不同的说法。一般认为帻最早出现于战国时期的秦国，当时秦国的武将头戴绛帕（赤钵头）以示贵贱。绛帕的形制类似于后来的帕首，帕首多以红色布帛为之，作用是将鬓发包裹，不使它们下垂。另一种说法是：巾、帻的流行始于王莽。相传王莽是秃头，无法直接戴冠，为掩人耳目，故先加巾、后戴冠。这就是历史上所说的"王莽秃，帻施屋"。其后遂相沿成俗。

民戴帻也有不同的规定。古代青、绿二色为卑贱者的服色。春秋时期就有"有货妻女求食者，绿巾裹头，以别贵贱"的记载。汉代有绿帻，也是"贱人之服也"。帻在以后的时间里发生了许多变化。隋代，据《隋书·礼仪志六》记载："尊卑贵贱皆服之。文者长耳，谓之介帻；武者短耳，谓之平上帻。"到了唐代，帻演变为乌纱帽，顶的后半部（即覆盖发髻处）隆起，叫作"屋"；左右所余巾角加硬衬饰为两翅，叫作"耳"。

10. 古代的冠制

穿衣戴帽在我国有着悠久的传统，帽子初期作为保暖的冠服，主要出于实用功能；但进入封建社会，冠帽成为划分贵贱等级的标志，由此演变来的冠制逐渐完善，影响着人们的日常生活。冠制是我国服饰制度中的一个重要组成部分，也是礼乐制度的重要组成部分。

原始社会后期，随着衣裳的产生，冠帽也随之产生，由兽皮缝合而成。冠与帽的区别是，前者只罩住发髻，而后者覆盖整个头顶。

周代冠的形制有冕、弁两种。冕的基本形状是冠上加一平木板，前后有垂旒（liú），旒以玉珠穿成，因佩戴者等级及旒用途的不同，垂旒的数目也有差别。最尊贵的是天子的十二旒衮冕，等级最低的大夫玄冕仅二旒。这种冕一直为后代所沿用，作为正式的

冠帽

礼服，直至清末。弁仅次于冕，其形如覆杯，自天子至士都戴，是在一般性的正式场合戴的，有冠弁、皮弁、韦弁之分。

汉代的冠式，多为前高后低、倾斜向前形，其种类较多，如冕冠、进贤冠、武冠、通天冠、远游冠、高山冠、长冠等十几种。其中最主要的两种是：文官所戴的进贤冠，以冠上加横梁的多少来区分身份的高低；武官所戴的武弁大冠，以漆纱制成，上加鹖（hé）尾或貂尾为饰，冠内都要衬帻。汉代冠与帻的配合有一定的规矩，如进贤冠必衬介帻，武弁必配平上帻（也称平巾帻）。汉冠制度对后世影响颇大，历代冠制都是在此基础上稍加变化而成的，一直持续到明代。

魏晋南北朝时期，正式官服仍沿袭汉冠制度，男子依旧佩戴平巾帻、小冠子、笼冠、尖顶凉帽、梁冠等。北周时期，代替帻的巾开始流行，以巾裹头，开始以两角后裹；后来裁成四方，两个巾角向前系住髻，两个中角向后系住下垂，称幞（fú）头。

幞头在唐宋时期非常流行，样式也富于变化。宋代时幞头发展成为帽子，展脚幞头成为官员的制式首服。同时民间又恢复前代的幅巾，多以名人的名字命名，如东坡巾、山谷巾等。

明代官员所戴的乌纱帽，是从前代的幞头演变而来的，其形制是前低后高，两旁各插一翘，通体皆圆。除了乌纱帽，官帽还有烟墩帽、钢叉帽、圆帽、笠式帽。民间流行的巾帽较多，主要为六合统一帽、平定四方巾、圆顶毡帽、网巾等。

到了清代，皇帝和官员夏天戴敞沿的凉帽，形似笠帽，外缀红缨，顶有顶珠，后垂翎子；冬天戴暖帽，其形与凉帽类似，区别为

其有一帽檐上翻，帽檐用皮毛、缎子等包裹。另外，宗室、功勋之臣，皇帝赏赐用孔雀毛做的花翎，即孔雀翎，有单眼、双眼、三眼之分，其中三眼最贵，戴在帽上垂向后方。民间流行六合如意帽（瓜皮帽）、毡帽、风帽。

11. 古人为什么要戴头巾

古代劳动人民在地里进行农作的时候，为了尽量避免阳光的炙烤而佩戴一种简单朴实的头饰，通常用缣（jiān）帛剪成方形，其制与布幅相似，又称"幅巾"。据《玉篇》记载："巾，佩巾也，本以拭物，后人着之于头。"由此看来，"庶人巾"大概就是劳动时擦汗的巾，一物两用，也可以当作帽子裹在头上。因古代政府规定平民不得戴冠，因此民间只得以巾帻束发。直到汉代，这种巾仍用于庶人和隐士。元代文人睢景臣的《高祖还乡》中记载："新刷来的头巾，恰糨来的绸衫，畅好是妆幺大户。"这里的"巾"指庶人巾。包发巾有压发定冠的作用。庶人所佩戴的头巾，是黑色或青色的。所以，秦代称百姓为黔首，汉朝称仆隶为苍头。可见，巾是庶人身份等级的标志。东汉蔡邕在《独断》中提到："帻，古代卑贱执事不冠者之所服也。"这说明"巾"是古代不能戴冠、也戴不起冠的卑贱之人所戴的。东汉以后，以巾束发的风气十分流行。如张角组织的"黄巾起义"，以黄巾束发作为标志。宋代文学家苏东坡《念奴娇》中的名句"羽扇纶巾，谈笑间，樯橹灰飞烟灭"中的"纶巾"，就是描述三国时期名士的头饰。到了魏晋时期开始流行角巾。

扎巾的汉代农夫

12. 免冠谢罪的来历

春秋时期的人们十分重视冠，摘掉冠则意味着失礼，为莫大的耻辱。据《韩非子》载："齐桓公饮酒，醉，遗其冠，耻之，三日不朝。"意思是齐桓公有一次喝醉酒丢了帽子，觉得羞耻，三天没有上朝。另据《左传·哀公十五年》载，卫国内乱，孔子的学生子路被石乞等砍断了冠缨，曰："君子死，冠不免。"结果他在结缨正冠的瞬间，被人杀死，在书中记为"结缨而死"。子路宁可为捍卫衣冠礼仪尊严而死，由此可见，冠在时人心目中的重要性。正因为冠非常重要，戴冠就成为贵族的特权，平民不准戴冠，所以，古代免冠表示谢罪的意思。这也可以从文学作品中找到依据，王利器注《风俗通义》曰："凡谢罪皆免冠谢，故称露首。重则徒跣。"《汉书·黄霸传》："尚书令受丞相对，霸免冠谢罪。"《霍光传》："入免冠顿首谢。"《匡衡传》："免冠徒跣待罪。"《战国策·齐策六》："田单免冠徒跣肉袒而进，退而请死罪。"唐代韩愈《毛颖传》："后因进见，上将有任使拂试之，因免冠谢。"

13. "绿帽子"的来源

绿色含有"贱"意，是从《诗经》开始的。《国风·邶风·绿衣》记"绿衣黄裳，心之忧矣"，大意是古人以黄色为上，绿色为下，而绿作了上衣，黄作了下裳，上下易位，比喻夫人失位妾上僭，所以"心中忧矣"。绿色在那时已被视为卑微、卑贱，至于绿帽子的由来更是有据可循的。

古代将原色称作"正色"，正色有红、黄、蓝、白、黑五色。如秦朝为水德，崇尚黑色，因而秦代的旌旗都是黑色的；古人认为地是黄色，位置在中央，所以皇帝穿黄色的衣服。绿色之所以地位不高，就因为它是间色，是由蓝色和黄色调和而成的，古人贵正色而贱间色。

春秋时期，有卖自己的妻女求食的人，都要裹绿头巾，以区别贵贱。到了汉代依然如此，《汉书·东方朔传》中记载，馆陶公主是汉武帝的姑母，中年后寡居，后和年轻的情夫董偃出双入对。一日汉武帝来看姑母，她让董偃出来觐（jìn）见，董偃戴"绿帻"谒见汉武帝，这种打扮是奴才身份。对此颜师古的注释是："绿帻，贱人之服也。"因此李白《古风》诗云："绿帻谁家子，采珠轻薄儿。"可见，当时绿色为低贱者所用的颜色。

唐代绿色表贱色已深入民心。贞元年间，据《封氏见闻录》记载，延陵令李封对犯错的官吏不加杖罚，只是让其裹绿头巾以示羞辱，错误严重的戴的时间长，轻微的则短。可见，"戴绿头巾"已经成为一种惩戒措施。

到了元代，官府为了遏制暗娼，《元典章》明文规定："娼妓穿皂衫，戴角巾儿；娼妓家长并亲属男子，裹青头巾。"规定妓女及亲属统一着装，因青、绿颜色相近，从此绿头巾与低贱职业挂钩。

明代沿袭元制，规定："教坊司乐艺着卍字顶巾，系灯线褡膊，乐妓明角冠皂褙子，不许与民妻同……教坊司伶人常服绿色巾，以别士庶人服。"明文规定娼妓家的男子必须头戴绿巾，腰系红褡膊，不许在街道中间行走，只准在左右两边"靠边走"。这些歧视性政策实际上大大加深了绿头巾的低贱之意。此时的绿头巾不仅带有卑贱之意，而且兼有侮辱之意。到清代，戴绿帽子成为妻子与人通奸的代名词，骂人时用"戴绿帽子"，以示人格羞辱。

三 历代特色衣饰

1. 原始社会的衣饰

早期，人类以树叶、草遮身。距今1.8万年前的山顶洞人已经懂得用骨针缝制兽皮为衣。山顶洞人是生活在北京一带的晚期智人，其遗骨在北京附近龙骨山顶部的洞穴里被发现，故称山顶洞人。在山顶洞人生活的洞穴里发现了一枚骨针，长82毫米，粗细相当于一根火柴棒；同时还发现，山顶洞人将钻了孔的兽牙、海螺壳或小石珠串连成串，佩戴在身上，当作装饰品。距今六七千年的仰韶文化时期，人类已能用石纺轮或陶纺锤将野麻捻成麻线，再用原始的织机织成麻布。但当时衣服的式样尚无实物证明。据历史学家估计，主要有围、披、套三大件，即下身围上一块布，上身披着一块布，或是全身套着一块布。

同样，欧洲的晚期智人克罗马农人也已经懂得用原始工具缝制衣服。据古人类学家理查德·利基说："距今约3.5万年前的欧洲，人们开始用石叶制作形状精细的工具。骨和鹿角首次成为制作工具的原料。工具的种类在100种以上，包括制作衣服的和用于雕刻的工具。工具首次成了艺术品，如在角制的投掷器上雕刻了动物的形象。珠子和垂饰出现于化石记录中，这些是装饰身体的新物品。最引人瞩目的是洞壁深处的绘画，表达了他们的精神世界。与先前停滞占主导的时代不同，现在革新是文化的本质，人类的变化是以千年而不是以万年来计量。这个被称为旧石器时代晚期革命的考古信号，是现代人心智萌芽的重要证据。"

2. 深衣、长袍、直缀

据说深衣起源于虞舜统治的时期，流行于战国、西汉时代。当时的深衣多用白色麻布制成。其用途极广，是朝祭之外的官吏吉服，庶人唯一的吉服。其形制为上衣和下裳相连，衣襟右掩，下摆不开衩，将衣襟接长，向后拥掩，垂及踝部。因其前后深长，故称深衣。其特点是使身体深藏不露，雍容典雅。深衣边缘通常镶以彩帛，形制、规格皆有严格规定，历代解释者甚多，说法各不相同。到了汉代，妇人礼服将衣、裳相连，与古代深衣同。东汉时期，深衣多用彩帛制成。魏晋以后，穿着者逐渐减少。但其样式对后代的服饰形制产生了深远影响，如唐代的袍下加襕（lán）、元代的质孙服、明代的曳撒、清代的旗袍等，基本采用上下连衣裳的形式。就连今天的连衣裙，也是从古代深衣衍生出来的。现代人文学者建议将深衣作为汉族的服装来推广。

汉代的曲裾深衣

长袍即长衣，是古代基本服装之一。起初，长袍只是一种加棉絮的内衣，外面还得罩上外衣，后成为单独的外衣。袍服源于上下相连的深衣。秦汉时期，袍服作为礼服。其样式为左襟压右襟，以大袖为多，袖口部分收紧，领和袖一般用花边装饰，领子以袒领为主，大多裁成鸡心形，穿时露出内衣，常见为曲裾。下摆长度一般到脚踝，并以腰带或革带束腰。魏晋南北朝时期，男子亦着袍服，但不普遍。隋唐以后，男子兴袍衫。历史上契丹、蒙古、吐蕃、女真等民族多穿交领或圆领长短袍，一般小袖紧身，与汉族服饰的宽袍大袖不同。自上古时代起至明代，长袍皆为汉族人民的普遍穿着。受阴阳五行思想的影响，汉族服饰长期以黄色为重，象征中央，唐代以后黄袍为帝王的专用服饰。龙是权势的象征，龙袍仅限于皇帝、皇后和皇太子穿。后因历史原因，长袍使用范围一度缩小到仅限于僧、道、优伶。直至21世纪初，长袍在民间逐渐出现复兴态势。

直缀，又作直裰、直身。关于直缀的起源，据《圣同三传通记糅（róu）钞》卷二十六载，唐代新吴百丈山慧海大智禅师始将偏衫与裙子上下连缀，称之为直缀。另一种说法是东晋佛图澄创制，然事实不详。直缀一般以素布制作，对襟大袖，衣缘四周镶有黑边，最初多用作僧人和道士之服，即将偏衫与裙子合缀而成的僧服。唐代以来，禅宗盛行。到了元明时期，直裰的形制有所变异，大襟交领，下长过膝。元代禅僧与一般士人也穿这种衣服。明太祖规定，庶民穿青布直身，中后期领子一边直一边斜，其他时候两边皆斜。一般来说，不对称交领用于宽领。据《敕修百丈清规》卷五"直缀"条记载："相传，前辈见僧有偏衫而无裙，有裙而无偏衫，遂合二衣为直缀。"在87版的《西游记》电视剧中，唐僧徒弟们的着装就是直裰。

3. "胡服骑射"

如果说黄帝和他的大臣伯余是古代的服饰设计者，那么赵武灵王可算是华夏服装史上的改革者。这次的服装改革不是偶然的，而是出于战争的需要。赵武灵王即位后，赵国处在国势衰落时期，就连周边的小国也经常来侵扰。在和一些大国交战时，赵国屡吃败仗，城邑被占。另外，赵国在地理位置上，东北同东胡相接，北边与匈奴为邻，西北与林胡、楼烦为界。这些部落都以游牧为生，长于骑马射箭，他们常以骑兵进犯赵国边境。

赵武灵王看到胡人穿窄袖短袄，生活起居和狩猎作战都比较方便；作战时用骑兵、弓箭，与中原的兵车、长矛相比，具有更大的机动性。他对大臣说："北方游牧民族的骑兵来如飞鸟，去如绝弦，是当今能快速反应的军队，带着这样的军队驰骋疆场，哪有不取胜的道理。"一心要使赵国强盛的赵武灵王，敏锐地认识到胡人骑兵的优越性。他认为以骑射改装军队是强兵之路，并对将军楼缓说："我国处于强敌包围之中，我打算先从改革服装着手，接着再改变打仗的方法。"为了富国强兵，赵武灵王在取得肥义等重臣的支持后，在邯郸下令采用胡服为军衣，并以弓箭为主要武器，命令全军学习骑射，决心取胡人之长补己之短。经过赵武灵王的改革，赵国军力上升，相继灭掉了周边的中山、东胡、楼烦等小国，疆土得到扩张，成为战国时期的强国。

4. 绅带与钩络带

绅带，即古时士大夫束腰的大带。缠于腰际者为"带"，下垂者为"绅"。后来，绅带演变为礼服上的一种腰饰。绅带的宽窄、长短、色彩是身份地位的象征，身份越高，垂绅越长。

钩络带即郭落带，是北方少数民族地区的一种胡带，是一种有环形带扣的腰带。其形或圆或方，讲究者还附上扣针，用时将皮带伸入扣内，然后插入扣针即可。战国、秦、汉之人不论贵贱，都穿深衣。深衣连结钩边，穿时要拿腰带扣紧。起初贵族用丝织的绅带，赵武灵王改穿胡服后，引进了革带，平民开始用皮带。皮带的两端分别用带钩的环相连接，叫代子钩络带，形制有带钩、带扣、皮带等。带钩名称较多，如鲜卑、犀比、犀毗、胥纰、师比、私纰头等；带扣的名称，如师比、鲜卑、带镮、镮、钩燮（xiè）、钩鰈等。钩络带上还有"校饰"，即金属牌饰，牌饰上刻有动物图案及几何图案。这些牌饰用于装饰。钩络带不断变化，逐渐发展成为鞢韄带。

5. 汉代的穷袴与犊鼻裈

袴，也写作"绔"，即今之"裤"字，形制与现在的裤子不同，只是"两股各跨别也"(《释名》)的"胫衣"(《说文解字》)。两者的区别为：胫衣只包裹住小腿；穷裤长过膝盖，到大腿以上，并将裤身加长，与腰相连，在大腿间用裆连接，但裆不缝合，只用细带扎系，便于溺溲（sōu），其形制为现代开裆裤的前身。与现在的裤子相近的是"满裆"，统称为"裈"。汉代早期的裈，其实就是周代的袴。据《释名》记载："裈，贯也。贯两脚，上系腰中也。"相当

汉代犊鼻裈

于现在的开裆裤。后来，又出现了一种有裆的裤子，因其"有前后当，不得交通也"，故称"穷裤"。所以，汉代后期的裈是指穷裤，穿时需套在裳的里面。而袴也流传下来，直到唐代，女子仍然穿袴。五代时期，文人马缟的《中华古今注·裩（kūn）》记载："裩，三代不见所述。周文王所制裩长至膝，谓之弊衣，贱人不可服，曰良衣，盖良人之服也。至魏文帝赐宫人绯交裆（红裤衩），即今之裩也。"

汉代的犊鼻裈即合裆裤，简称犊鼻，也称牛头裈，形制短小，类似于现在的短裤。裈、穷裤、犊鼻裈等下衣，均为汉代的新制，都是以前没有的服装。据《史记·司马相如列传》记载："相如身自着犊鼻裈与佣保杂作，涤器于市中。"其实，司马相如在市场上故意穿犊鼻裈，目的是显示贫贱，让老丈人卓王孙出丑。穿"犊鼻裈"作为贫穷的象征还有一例，即阮咸晾衣。三国魏阮籍、阮咸叔侄，俱名列"竹林七贤"。阮氏家族居住的地方，在路北住的都是富贵人家，在路南住的都是清贫人家。当地有每年七月七晒衣的习俗，在这一天，住在路北的阮氏族人晾晒纱罗锦绮，居住在路南的阮咸"以竿高挂大布犊鼻裈于中庭"。人们都好奇地问他缘由，他说："未能免俗，聊复尔耳！"

6. 裲裆及其传承

裲（liǎng）裆，后来称为背心或坎肩，出自《释名·释衣服》："其一当胸，其一当背，谓之裲裆。"即前面一片遮住胸膛，后面一片遮住后背，在肩部用其他材料连属，经过历代演变成为背心。在初期，裲裆常常为妇女着装，多用作内衣，方便手臂活动。魏晋时期流行开来，人们开始将它穿在外边，成为一种男女常见的服饰。用来制作裲裆的材料多为帛、绢及织锦。在《幽明录》中还出现过施以丹绣的裲裆："棺中一妇人，形体如生。白练衫，丹绣裲裆，伤一髀，以裲裆中绵拭中血。"另外，用皮革或金属做成的裲裆，多用作戎服，为军士穿着。如魏晋时期的裲裆铠，其中最有名的当属秦王苻坚的"金银细铠"，用"镂金为线"编制而成。隋唐以后，随着半臂等替代服饰的出现，裲裆渐渐被冷落，但作为一种戎装，还在军队中流行。

7. "纨绔子弟"的来历

汉代以前没有真正的裤子，当时的服饰形式为上衣下裳制，裳类似现在的裙子。后来出现的衣裳连属制的深衣，也没有搭配的裤子，还是类似连衣裙。走起路来，两腿进风，尤其是在冬季，寒冷无比。为此，有钱人为保暖，两条小腿各套上纻麻制的长筒，称为胫衣，又叫"绔"。而更有钱的人用高档的丝织品做胫衣，称为"纨"。古人有重上衣轻裤裳的观念，认为不能用丝帛材料来制作襦和绔，因为这两样都是内衣，用这么好的材料，过于奢侈。但是后来那些富贵人家的子弟违背先贤的教诲，仍然用顺滑的丝帛做绔。这些富家子弟就被称作"纨绔子弟"，意思是"穿着丝织开裆裤的有钱人家的孩子"。

8. 曲柄笠与东坡巾

曲柄笠，一种斗笠状的帽子，后面垂着一个曲柄。戴曲柄笠既能够遮蔽阳光，又不容易被山风吹掉帽子。同时，看上去既有樵人、农夫的野趣，也有高士、名流的雅致。
南朝时期的谢灵运就喜欢戴这种曲
柄笠，为此隐士孔淳之刁难他说：
"你是心高志远的人，为何不能遗
忘曲盖的形状？"谢灵运回答："恐
怕是怕影子的人不能忘记影子吧。"
在这里，谢灵运引用了《庄子·外
篇·渔父》中的一则寓言："渔父谓
孔子曰：'人有畏影恶迹而去之走
者，举足逾数而迹逾多，走逾疾而影
不离身，自以为尚迟，疾走不休，绝
力而死。不知处阴以休影，处静以息

东坡巾

迹，愚亦甚矣！'"大意是有一个害怕自己影子讨厌自己脚印的人，为
了摆脱这些拼命奔跑。可是跑得越多，脚印也就越多，跑得越快，影
子也跟得越快。虽然很拼命，但总觉得自己很慢，最后因不停奔跑累
死了。他竟不知道在没有光的地方就没有影子，不动就没有脚印的道
理。谢灵运用这则寓言来讥讽隐士孔淳之不忘尘俗的虚伪；也表明自
己是一个不畏影、不恶迹的人，心中对影迹不以为意，也就不在乎其
有其无了。

　　宋代时幞头已发展成帽子，并成为官员的标准冠服。为区分士
庶，民间文人开始恢复以前的幅巾。当时的巾子多以名人的名字命
名，东坡巾就是其中之一。相传为苏东坡被贬前所戴，又名子瞻巾、
乌角巾，因在《东坡居士集》中有"父老争看乌角巾"之句而得名。
其巾制为方形，"有四墙，墙外有重墙，比内墙稍窄小。前后左右各
以角相向，戴之则有角，介在两眉间"，用乌纱制成，就像一个桶。
东坡巾在民间非常流行，为文人雅士所推崇。

9. 唐代的幞头与圆领

　　先前的幞头戴在头上，顶是平而起褶的，四角接上带子，两角

在脑后打成结，自然飘垂可为装饰，两角反到前面攀住发髻，可以使之隆起而增加美观。到了唐代，幞头风靡一时，这也与当时人们流行高冠峨髻的风尚不无关系；又在幞头内加入巾子〔一种薄而硬的帽坯（pī）架〕使其更高。幞头的样式不断变化，尤其是在唐初的100多年里，经历了几次大的变化，如武德至贞观年间，流行平头小样，其形状扁平；天授二年（691年），开始流行武家诸王样；景龙四年（710年），开始流行英王踣样；开元年间，流行官样巾子。幞头除了巾子样式发生变化外，两脚也有变化，主要分为软脚幞头和中晚唐的硬脚幞头。到晚唐五代，幞头形制进一步变化，这时的幞头实际已变成一顶帽子。

圆领亦称团领，实为无领型领式。衣领形似圆形，内覆硬衬，领口钉有纽扣。圆领袍是圆领子的窄袖袍，是汉族在隋唐之后形成的全民服装，在汉朝初年就已出现，是一种民族文化交融的产物，早期作为内衣存在。在汉代的壁画和人偶中，有在外衣里面穿圆领的情况，一般情况下认为是套头衫；但也间接说明了汉族在汉代就有穿圆领形制服饰的情况，在当时应该主要作为内衣。隋代，圆领开始正式成为常服。据《唐书·舆服志》记载，天子可穿黄文领袍，戴折上巾，系九环带，穿六合靴。自魏晋开始圆领袍慢慢作为外衣，经过隋唐的发展，逐渐遍及全国，无论男女皆可穿圆领袍。男子圆领袍多为纯色，无花纹；女子圆领袍则色泽鲜艳，且多有花纹。

10. 明代的补服

补服，又称"补子"，补服的渊源可追溯到武则天时期的绣服。武则天登基后进行了一系列改革，其中之一就是对官员的服饰进行调整，规定不同等级官员的袍服加以不同的纹饰，文官绣禽，武官绣兽。到明代时，官服在前代的基础上进一步改进。纹饰仅出现在官服前胸后背的方形格子中，因这些格子是裁剪好后直接缝在衣服上的，极像补丁，故而得名"补子"，这类官服被称为"补服"。补子的制作方法有织锦、刺绣和缂（kè）丝三种。明代的官补尺寸较大，制作精良，以素色为多，底子大多为红色，上面用金线盘成各种图案。文官补子绣有双禽，相伴而飞；而武官补子则绣单兽，或立或蹲。据《明会典》记载，洪武二十四年（1391年）规定，补子图案：公、侯、驸马、伯，麒麟、白泽；文官绣禽，以示文明，一品仙鹤，二品锦鸡，三品孔雀，四品云雁，五品白鹇（xián），六品鹭鸶，七品鸂鶒（xī chì），八品黄鹂，九品鹌鹑；武官绣兽，以示威猛，一品、二品狮子，三品、四品虎豹，五品熊罴（pí），六品、七品彪，八品犀牛，九品海马；杂职为练鹊；风宪官为獬豸（xiè zhì）。除此之外，还有的补子图案为蟒、斗牛、飞鱼等，属于明代的"赐服"类。明代的补子是随着官职而存在的，受到朝廷的限制，不能大量制作，因此有着极高的历史价值。

补服

11. 清代的长袍马褂

长袍，为大襟右衽、平袖端、盘扣、左右开裾的直身式袍。这种没有马蹄袖端的袍式服饰在清代原属便服，称为"衫""袄"，又俗称"大褂"，有单袍、夹袍和棉袍之分，单袍又俗称"大褂"。满族长袍与旗袍有很大区别，长袍的式样是右大襟式，左右两开褉（xì）。长袍在其流行过程中也发生了较大的变化。清初的长袍又肥又大，长及

长袍马褂

地面，没有领子，穿时需另加领衣（满族服饰中的内衣，与现代唐装很像），俗称"一裹圆"。清代官经常穿这种服饰，无襕，后来成为满族平民所穿的袍服。清代晚期，长袍变得又短又瘦，并且加上了立领（自清代中后期开始，穿这种立领长袍的已经超过无立领的长袍）。长袍大襟遮住的部分称为"掩襟"，有长掩襟也有半掩襟。最初，长袍上都不带口袋。

马褂，是一种短衣，以对襟为主，平袖端，不装箭袖，身长至腰，前襟缀五枚扣襻（pàn），通常穿在袍褂之外。清初时马褂为军士着装，因便于骑马而得名，被称为"行装"之褂；康熙年间传至民间，逐渐成为人们日常穿的便服。当时的马褂没有立领，到了清末才加了立领；至民国时期又升格为礼服，为黑色麻丝棉毛质料，织暗花纹，不做彩色织绣图案，与礼帽、长衫搭配。清代立下特殊功勋的官员可穿黄色的行服褂，因其色又名"黄马褂"。除了被赏赐穿黄马褂的官员之外，还有把黄马褂当作制服穿的人。如领侍卫内大臣、御前大臣、侍卫班长、护军统领、健锐营统领等，都是不需要经过赏赐就可以穿黄马褂的官员。

长袍马褂成为清代最为常见的男性便装。民国后，普通人在日常生活中穿马褂的机会逐渐减少，在袍外罩马褂是非常隆重的穿法，而蓝色长袍搭配黑色马褂就是礼服了。

四 古代女子的穿戴与化妆

1. 巾帼的来历与含义

帼，又称蔮（guó），通簂（guó）。原是古时的一种配饰，是形似发髻的头套，宽大似冠，内衬金属丝套或用削薄的竹木片扎成各种式样，外裱毛料、黑色缯（zēng）帛、彩色长巾，使用时直接将其戴在头顶，再加以簪钗固定，远远望去就像一个花篮，显示出女子的娇美。人们逐渐把它作为妇女的代称，而民间女子的蔮多为帛巾之类的装饰，因此引申出"巾帼"一词。巾帼的种类及颜色有多种，在汉代有严格规定，据《后汉书·舆服志》记载："太皇太后、皇太后入庙服，绀上皂下，蚕，青上缥下，皆深衣制，隐领袖缘以绦。剪氂（máo）蔮，簪珥。""公、卿、列侯、中二千石、二千石夫人，绀缯蔮。"指出了所佩戴的巾帼的区别。其中用细长的牦牛尾毛制成的叫"剪氂帼"；用黑中透红的丝帛制成的叫"绀缯帼"。先秦时期，男女都能戴帼，用作首饰。到了汉代，才成为妇女专用。诸葛亮出斜谷向司马懿挑战，但后者避而不出，诸葛亮便用激将法，派人给司马懿送去"巾帼妇女之饰"，嘲笑他胆小如同妇人，以示羞辱，刺激司马懿出战。巾帼当时作为妇女的代称，含有蔑视之意；如今已是对妇女的一种尊称，如"巾帼不让须眉"。

2. 先秦女子的化妆

原始人将植物汁液、动物油脂、动物血、泥土等涂抹在面部，以驱赶野兽，保护身体。这时期图案的含义较复杂，主要有图腾崇拜、祛灾祈福、保护伪装、化妆美饰等。后来，这些图案渐渐成为一种装饰。更多的人将某些图案描画在面部，以美化自我。进入文明社会后，人们的审美意识觉醒，认为人本身就很美，过分地装饰反而会弄巧成拙；而适当化妆会显得人更加美丽。因此，人们开始改变夸张的面妆风格，变为局部装饰的简约风格。爱美之心人皆有之，化妆能将自身的缺点加以掩盖，显示出别样风情。此后各个时期的化妆风格各有特点。西周出现的花靥，小巧工整。春秋战国之际，已出现敷粉面妆，《墨子》一书中有对"造粉"的解释。战国时期，又出现了圆点形的花靥，成为当时流行的装扮，此时的化妆品有胭脂、石黛等。此外，这一时期已经有妇人开始"点唇"，注重自己的唇部美。另外，先秦时期的妇女开始用黛画眉，《战国策》中就有"郑周之女，粉白黛黑"的记载。

3. 汉代的时髦女郎

汉代绵延400余年，时间跨度较大，女子的装束不断发生变化，我们只能从现存的资料复原当时女子流行的穿着。汉代时髦女郎的装扮：头上发髻高耸，多留椎髻，插步摇，戴巾帼、华胜、耳珰等首饰；面部化红妆，不仅敷粉，而且要施朱，即敷搽胭脂（相传张骞出使西域带回了胭脂）；眉毛一般修成八字眉、远山眉、蛾眉、长眉、惊翠眉等，其中长眉最为流行。随着深衣的流行，上层社会的女子穿衣摆呈喇叭状、通体紧窄的深衣，这样能显露出身体的曲线美；并且衣领为交领，领口很低，以便露出里面衣服的领子。而在民间劳动女子的流行打扮为上穿短襦、下着裙子。如在汉代乐府诗《陌上桑》中就描绘了这样一个"头上倭堕髻，耳中明月珠，缃绮为下裙，紫绮为上襦"的劳动女子的形象，即民间时髦女郎罗敷。

据《搜神记》卷六第151条记载，东汉时期京城妇女的流行装饰："汉桓帝元嘉中，京都妇女作愁眉、啼妆、堕马髻、折腰步、龋齿笑。愁眉者，细而曲折。啼妆者，薄拭目下，若啼处。堕马髻者，作一边。折腰步者，足不在下体。龋齿笑者，若齿痛，乐不欣欣。如自大将军梁冀妻孙寿所为，京都翕（xī）然，诸夏效之。"

4. 唐代女子的穿戴

唐代国风开放，在服饰方面，则雍容大气，影响深远。今天提起古代中国的服饰，人们首先想到的就是唐装。唐代服装经历了由保守到开放的过程，在妇女的服饰方面表现得尤为明显。例如帽子的变化，唐代初期的女子出行时会戴一种叫"幂离"的帽子。这种帽子用罗将人的整个头部遮住，并下垂到背部，在面部留小孔。到唐高宗时，幂离被帷帽取代。帷帽是一种带有丝网的笠帽，四周的丝网变短，可以让人微露面容。到开元年间，社会上流行胡帽，已没有遮脸的丝网，面容完全展露出来。

唐代妇女的主要服饰形制为襦服裙，多与襦、衫、帔（pèi）、裙、半臂、袄等搭配。上层社会流行袒胸装，袒胸装由襦发展而来。与短襦搭配的还有帔帛，帔帛是一种类似围裙的服饰，一般用轻薄纱料制成。半臂，因衣袖只到手臂的一半而得名，长度为长袖的一半，故又称"半袖"。最早的半袖出现在汉代；隋唐时期，短襦的外面再加上半袖成为流行搭配。裙子主要有石榴裙，又叫萱裙、间色裙。此外，还有明衣、水田衣、回鹘（hú）衣等。唐代女子所穿的裤子仍为汉代流传下来的袴，就像今天的小孩所穿的开裆裤。

为搭配裙子，唐代女子穿高翘式鞋子，以防踩到裙角。所穿的鞋子为线靴、锦靴、翘头履、重台履、软底透空锦鞠靴等。

此外，在开元、天宝年间，女子流行着男装，主要穿圆领襕（lán）衫、翻领长袍。这种风俗兴起于宫中，相传有一次太平公主穿男子服装拜见唐高宗。这事一经传出，宫女们纷纷模仿，穿上幞头袍衫。后来民间也流行起女穿男装的风俗，直到中唐，这种风俗依然兴盛。

5. 堕马髻的传承

堕马髻，又称坠马髻，是一种偏垂在一边的发髻。历代微有变化，但其基本特点、偏侧和倒垂的形态未变。堕马髻一般梳发方法是将头发拢结，挽结成大椎，在椎中处结丝绳，状如马肚，堕于头侧或脑后。

堕马髻

堕马髻最早出现于汉代，相传为梁冀的妻子孙寿所创。据《后汉书·梁统传》记载："诏遂封冀妻孙寿为襄城君，兼食阳翟租，岁入五千万，加赐赤绂（fú），比长公主。寿色美而善为妖态，作愁眉，啼妆，堕马髻，折腰步，龋齿笑，以为媚惑。冀亦改易舆服之制，作平上軿（píng）车，埤（pí）帻，狭冠，折上巾，拥身扇，狐尾单衣。寿性钳忌，能制御冀，冀甚宠惮之。"西安任家坡西汉墓出土的陶俑与湖北江陵凤凰山出土的彩绘木俑的发型，便是汉代的堕马髻。两汉之际，堕马髻逐渐减少；东汉末期，基本绝迹。后经历代传承，堕马髻不断发展演变；直到唐天宝年间，又开始流行，不过已更名为倭堕髻。著名的《虢（guó）国夫人游春图》里的两位贵夫人所梳的发髻，便是堕马髻。唐时有人将蔷薇花低垂拂地的形态，比作堕马髻的髻式。唐代温庭筠有诗"倭堕低梳髻"，明代吴嘉纪有"岸傍妇，如花枝，不妆首饰髻低垂"的诗句。此时堕马髻主要为中年已婚妇女所喜爱。

6. 步摇金翠玉搔头——唐代女子的首饰

唐代时女子的首饰主要有步摇、玉簪、臂钏、项链、梳子等。其中步摇与玉簪最有代表性。

步摇，形制一般为金银丝编制花枝，同时在花枝上缀以珠宝花饰，并接以五彩珠玉，佩戴时插于发髻。人行走时，下垂的珠玉会不停摇动，因此得名。步摇最晚兴起于汉代，当时的步摇有瓔穗式与枝杈式两种。到唐代时步摇已成为妇女的重要首饰之一，流行在凤钗上加垂珠步摇，一般挂在凤凰的嘴部。在不少诗人的笔下都咏叹过这种首饰，如顾况《王郎中妓席五咏·箜篌》中的"玉作搔头金步摇"，戴叔伦《白苎词》中的"玉佩珠缨金步摇"，武元衡《赠佳人》中的"步摇金翠玉搔头"等诗句。

玉搔头即玉簪。玉簪的品种多样，按照玉的成色划分优劣，贵者价超金簪，多为富家女子所佩戴。相传，汉武帝取李夫人玉簪搔头而得名。据《西京杂记》卷二记载："武帝过李夫人，就取玉簪搔头。自此后宫人搔头皆用玉，玉价倍贵焉。"意思是汉武帝有一次去爱妃李夫人宫中，突感头痒，便拔下她头上的玉簪挠痒，从此以后宫女们都用玉搔头。到唐代时，玉簪尤为流行。白居易《长恨歌》中就有"花钿委地无人收，翠翘金雀玉搔头"之句。清代郑板桥《扬州》中也有关于玉簪的记载，"借问累累荒冢畔，几人耕出玉搔头"。

7. 唐代女子的化妆

唐代女子不仅重视服装搭配，也十分讲究化妆。化妆主要涉及化妆品、化妆内容及妆容样式。

化妆品有花黄、胭脂、白粉、花钿、眉黛、斜红等。面部化妆比较复杂：额上要涂"额黄"，鬓畔画"斜红"，眉间贴"花钿"，两颊点"妆靥"，另外还要加"朱粉""口脂""眉黛"等。化妆的步骤有施铅粉、抹胭脂、画黛眉、贴花钿、涂鹅黄、画面靥、描斜红、点唇脂等。妆靥也称"花靥""靥钿"等，关于它的起源，据唐代文人段成式《酉阳杂俎（zǔ）》前集卷八"黥"条记载："近代尚妆靥，如射月，曰黄星靥。靥钿之名，盖自吴孙和邓夫人也。和宠夫人，尝醉舞如意，误伤邓颊，血流，娇婉弥苦。命太医合药，医言得白獭髓，杂玉与琥珀屑，当灭痕。和以百金购得白獭，乃合膏。琥珀太多，及差，痕不灭，左颊有赤点如痣，视之，更异妍也。诸嬖（bì）欲要宠者，皆以丹点颊，而后进幸焉。"又谓："今妇人面饰用花子，起自昭容上官氏所制，以掩黥迹。大历以前，士大夫妻多妒悍者，婢妾小不如意，辄印面，故有月黥、钱黥。又云妇人妆如月形，名黄星靥。"花钿，起自秦代，至南北朝时，多流行于宫中及贵族妇女间，唐代开始成为流行的妇女面饰。它一开始是一种插在发髻或贴在鬓边的首饰。五代文人马缟《中华古今注》："秦始皇好神仙，常令宫人梳仙髻，贴五色花子，画为云凤虎飞升。至东晋，有童谣云：织女死，时人帖草油花子为织女作孝。至后周，又诏宫人帖五色云母花子，作碎妆以侍宴。如供奉者，帖胜花子。"南北朝《木兰辞》："当窗理云鬓，对镜贴花黄。"这里的"花黄"指贴在额头上的金黄色花钿。唐代以后则多指贴于面颊的饰物，即"眉间花钿"和"妆靥"，统称花钿，俗称"花子"。在眉间贴花钿的起源有多种说法，一种说法是它源于唐代，韦固妻幼时被刺伤眉间，长大后常以花钿掩饰，此事见李复言《续玄怪录·定婚店》。一种说法是它源于南朝寿阳公主的"梅花妆"。据南朝《宋书》记载：宋武帝刘裕的女儿寿阳公主，曾在正月初七卧于含章殿檐下，殿前梅树上一朵梅花恰巧落在公主的额头上，额中被染成花瓣状。宫中女子见公主额头上的梅花印非常美丽，于是纷纷剪梅花贴于额头。这种梅花妆很快流传到民间，成为当时女性争相效仿的对象，称梅花妆或落梅妆。五代前蜀诗人牛峤《红蔷薇》"若缀寿阳公主额，六宫争肯学梅妆"，说的就是这个典故。花钿多以彩色光纸、绸罗、云母片、蝉翼、蜻蜓翅乃至鱼骨等为原料，染成金黄、霁红或翠绿色，剪作花、鸟、鱼等形，贴于额头、酒靥、嘴角、鬓边等处。贴花钿的胶相传是用鱼鳔制成，卸妆时用热水敷软即可揭下。因所贴部位及饰物的材质、色状不同，又有"折枝花子""花油花子""花胜""花黄""罗胜""花靥""眉翠""翠钿""金钿"等种类。

唐代女子妆容的种类大致有红妆、催妆、晓妆、醉妆、泪妆、桃花妆、落梅妆、仙娥妆、血晕妆等，其中，尤以"红妆""梅花妆"最为流行。梅花妆源自寿阳公主，而红妆则源自杨贵妃。所谓"红妆"，就是先在脸部敷上粉，再涂上胭脂。传说杨贵妃特别爱用胭脂，有一年冬天，她和父母告别时，脸上的泪水结成了红色的薄冰，被称为"红冰"。夏季天气炎热，她出的汗被称为"红汗"，擦脸用的手绢竟染成了红色。此外，唐代女子还喜欢画"泪妆"，化妆方法就是"以粉点眼角"；直到宋代，宫廷中的女子仍喜欢泪妆。《隋唐演义》第八十七回说："杨妃思念雪衣女，时时堕泪。他这一副泪容，愈觉嫣然可爱。因此宫中嫔妃侍女辈，俱欲效之，梳妆已毕，轻施素粉于两颊，号为泪妆，以此互相炫美。"

8."十从十不从"

清兵入关之初，曾下"剃发垂辫"的命令，并强制推行全国。当时有句口号，叫"留头不留发，留发不留头"。政令实行初期引起了汉人的普遍反对，清初遗民王夫之为了避免剃发，躲进深山老林，一躲就是40年；屈大均为了表示反抗，干脆剃了光头，出家做了和尚。所以，为了缓和矛盾，清政府接受了明代遗老金之俊"十从十不从"的建议，即保留一部分汉家的习惯。

一、男从女不从。即汉族男子从旗人男子的衣冠发饰，剃发垂辫；而女子仍旧梳原来的发髻，不跟旗人妇女学梳"两把儿头"或"燕尾"。

二、生从死不从。即男子生前遵从清朝的法度习惯，死后的丧葬仪式仍沿用明朝旧俗。

三、阳从阴不从。即活人遵从清朝的法度习惯，死者则遵从旧俗，死后的各种法事、祭祀活动，均沿袭明朝旧制。

四、官从隶不从。即朝廷官员遵从清朝风俗，上朝时穿朝珠、补褂、马蹄袖的官服，但隶役仍然沿袭明朝"红黑帽"的打扮。

五、仕宦从婚姻不从。即仕宦在公开场合遵从旗人风俗，但在家中举行婚礼的时候，仍然遵从汉俗。

六、老从少不从。即老人的衣冠发型遵从清朝风俗，而小孩子百无禁忌，穿什么都可以。

七、儒从僧道不从。即儒生遵从清朝风俗，而和尚、道士则沿袭古俗。

八、娼从优伶不从。即妓女遵从清朝风俗，而唱戏的则可以不受约束。

九、国号从官号不从。即国号称"大清"，而官号仍沿用明朝的六部九卿制。

十、役税从文字语言不从。即赋役课税遵守清朝的法律，而语言文字则保留汉语言文字的传统，汉人不说满语。

经过几十年的"上行下效",人们也就"众心安之"了。剃发垂辫的发型遂相沿成俗近300年,成为近代史上的成俗。

9. 旗头、旗装与旗鞋

旗头,主要指满族妇女的发式。满族已婚妇女的发式多是绾髻。

入关前,满族妇女的传统发式是辫发盘髻,盘髻又分单髻与双髻。双髻通常为未婚女性梳用,即在头顶左右两端编成长辫,然后盘转成髻,汉族则称这种发饰为"丫头"。单髻多用于已婚女性,即将头发集于头顶,编成一条长辫,盘转而为髻。这种发式简洁、利落,便于骑射远行,在野外宿营又可枕辫而眠。当时无论身份高低,贫富贵贱,发式皆如此。贵族与平民的不同之处只是髻上所插的簪饰,贵族女子髻上的装饰颇多,而平民女子仅插木簪。

入关后,满汉文化逐渐融合,丰富了满族妇女的头饰。其中的主要发式有"软翅头""两把头""一字头""架子头""大拉翅""燕尾""高粱头"等,名称不同,形式稍异,如"两把头"和"架子头"等。有的发式是在其他发式的基础上演变而来,保留了原来发式的基本形状,又在某些地方有所创新,如从"两把头"到"大拉翅"等。还有的发式受其他民族习俗影响,既保留了自己民族的发式特征,又融进了其他民族的风格,形成了新的发式,如汉族的"如意缕"与满族的"如意头"。满族普通的中老年妇女平常梳"高粱头",有着上千年的历史,至今在满族聚居地仍可看到。满族妇女的发式与汉族妇女的发式相比,显得高大和夸张,具有艳丽夺目的效果。发饰在满族妇女的服饰中占有较为突出的地位,并形成了满族妇女风韵独特的发式——旗头。

满族妇女

现代人常常将旗装与旗袍混淆，如何区别二者呢？旗装是满族的传统服饰，是所有旗人（男女老幼）统一的一种袍式服装，所以叫旗装，满语称"衣介"，又叫"旗服"。这里我们主要讲述妇女的旗装。与男子旗装不同，妇女的旗装不设马蹄袖，为平袖样式，袖口宽松，能盖住双手。满族妇女的旗装主要以袍褂为主，用各种颜色和图案的丝绸、花缎、罗纱或棉麻衣料制成。除了在衣上绣上精美的图案，还会在衣襟、袖口、领口、下摆处镶上多层精细的花边。其形制采用直线，胸、肩、腰、臀完全平直，衣身宽松，下摆不开衩，胸腰围度与衣裙的尺寸比例较为接近。一般妇女的标准旗装为：身穿长及脚面的袍服，或外罩坎肩，脖领处围一条浅色长条围巾；裤腿扎青、红、粉红等各色腿带；脚着长筒白丝袜，穿高底鞋。而旗袍是旗装的衍生品，在清末，妇女的旗装已经发生变化，袍袖和袍身变窄，袖子缩短，同时下摆收敛。这时的袍服已经不是清初的那种旗装了，融入了更多的现代元素。只有满族妇女和极少数汉族贵妇穿旗装，大部分汉族妇女穿上衣下裳制的服饰。民国时期，改良版的袍服面世后，被人们称为"旗袍"。

旗装

旗鞋，即清代花盆底鞋，是一种特殊的"高跟鞋"。这种绣花的旗鞋以木为底，史称"高底鞋"，或称"花盆底"鞋、"马蹄底"鞋。其木底高跟一般高四五寸，有的可达七八寸。旗鞋的木跟不是镶装在后脚跟，而是在脚中间，整个木跟用白细布包裹，也有外裱白绫或涂白粉，俗称"粉底"。旗鞋的面料为绸缎，上绣五彩图案。鞋跟的形状通常有两种，一种上宽下窄，呈倒花盆状，称为"花盆底"；另一种上细下宽、前平后圆，其外形及落地印痕皆似马蹄，称为"马蹄底"。旗鞋的鞋帮十分讲究，除鞋帮上饰以蝉、蝶等刺绣纹样或装饰片外，木跟不着地的部分也常用刺绣或串珠加以装饰。有的鞋尖处还饰有丝线编成的穗子，长可及地。这种鞋的高跟木底极为坚固，常常是鞋面破了，鞋底仍完好无损，还可再用。高底旗鞋多为13岁以上的贵族中青年女子穿；老年妇女的旗鞋，多以平木为底，称"平底鞋"，其前端着地处稍削，以便行走。

旗鞋

五 古代的佩饰

1. 佩饰的含义与范围

佩即衣佩，饰即首饰。泛指人身上所佩戴的各种饰物。

（1）衣佩。衣佩，即系在衣带上的装饰品。据《说文解字》载："佩，大带佩也。"主要包括尾饰、腰坠、玉佩、日用挂件等。日用挂件包括佩刀、荷包、帨（shuì）、挂梳、取火工具、缝纫工具等。这些日常挂件在唐代时成为文武官员腰间的重要佩戴物品，被称为"蹀躞七事"。

（2）首饰。首饰，即插戴在头上的装饰物。主要包括发髻的式样，以及笄、簪、钗、发梳、巾帼、头冠、花钿、发箍、步摇、彩胜、天然头饰（花叶、兽牙、羽毛等）发卡等。

除衣佩和发饰之外，作为装饰的器物还有颈饰、臂饰（包括手镯、臂钏等）、手饰（指环、扳指等）、耳饰（耳珰、耳环、耳坠、耳珠等）、胸饰（胸坠、项链等）、带具等。现在的手绢、扇子、阳伞、手提兜、钱包、化妆包、项链，以及足上的脚镯、腰间的皮带、脖子上的项圈等，都属于佩饰的范围。

2. 玉佩的讲究

玉佩在我国原始社会就已经出现；到了周代，《周礼》中对臣民佩戴的玉有明确的规定。这一时期，人们将玉与人的品德修养联系在一起，认为君子的德行就应该像白玉一样洁白无瑕，以此约束人的行为。于是就有了"君子之德比于玉"的说法，这给中华民族留下"古之君子必佩玉"的传统。玉佩中大小不等、形状各异者，谓之杂佩，而最有特色的则为环与玦（jué）。古人常将其与琨连用，称环琨或玦琨。比如张衡《思玄赋》："献环琨与琛缡（琛，珍宝；缡，音lí，佩巾，也指系冠的带子）兮，申厥好以玄黄。"玉的造型不一，佩戴在身上的寓意也不同。环，即环佩，也称环琨，俗称玉环，专指圆形而中间有孔的玉佩，象征和合团圆。因此，环的本义即形圆而中孔的玉器；后来泛指圆圈形的物品，比如金环、银环、耳环等。玦，即玉玦，也称玦琨，专指环形而有缺口的佩玉，象征绝交或分别，即古文献中常说的"绝人以玦"。除了单佩，还用彩线将若干玉佩穿成串状系在腰间，被称为组佩，组佩一般由环、璜、珠、珑等组成。

环与玦

先秦以后，玉佩逐渐复杂化，分为大佩和装饰佩两种。大佩规格最高，一般与礼服搭配，举行盛大活动时佩戴；装饰佩为日常佩饰。据记载，大佩一般由玉璜、玉横牙、玉珩、玉琚等组成；一般要在腰间两侧各挂一副，走起路来，会发出清脆的响声。

3. 香囊的传承

香囊，即容臭，也称香袋、香荷包、薰囊，是一种装有香料的小囊，多以色彩鲜明的丝织物缝制。香囊里面主要盛放对人体有益的药草，如被称为"薰""蕙"的香草。在先秦时期，小孩身上佩戴容臭已很普遍。据《礼记·内则》记载："男女未冠笄者，鸡初鸣，咸盥（guàn）漱，栉縰（xǐ），拂髦，总角，衿缨，皆佩容臭，昧爽而朝，问何食饮矣？若已食则退，若未食则佐长者视具。"郑玄注："容臭，香物也。"多为女子、儿童佩戴在腰间的装饰物，男子一般不佩戴。唐代以后，出现了由金属制成的香坠和香球，做工精良；一般将其挂在身上或是居室的床帐之上，亦有系于麻帐或辇（niǎn）上的。宋代朱熹曾解释说，佩戴容臭，是为了接近尊敬的长辈时，避免自己身上有秽气而触冒他们。清代小说《红楼梦》第十七回中也出现过香囊，"（黛玉）赌气回房，将前日宝玉所烦他做的那个香袋儿——才做了一半——赌气拿过来就铰"。

4. 特殊的帨巾

帨巾，也叫缡（lí），是未婚女孩的佩巾。结婚时，母亲将帨巾系在即将出嫁的女儿身上，称为"结缡"。《诗经·豳（bīn）风·东山》记："亲结其缡，九十其仪。"描写3000年前的士卒，在凄惶征战途中想象新婚的场景，后人读来，多少有一股无言酸涩之感。另据《仪礼·士昏礼》记载："母施衿结帨，曰：'勉之敬之，夙夜毋违宫事。'"先秦婚礼没有后世婚礼那些名目繁杂的刁难新婚的"下婿礼"，整个仪式气氛严肃而庄重。新婚或许静静地候在门厅那个叫"著"的地方（按照《齐风》中体现的习俗），母亲细致地给新嫁妇系上帨巾，并训导礼辞。另外，林维民在《"帨"非"蔽膝"考》中指出：女子婚前婚后均佩帨，只不过佩戴的方法不同。在结婚之前，帨巾是女孩子的贴身亵物，可以赠送给男子作为定情之物。如《诗经·召南·野有死麕》曰："舒而脱脱兮，无感我帨兮，无使尨也吠。"婚礼中结缡于外，或许是一种成妇的表示。后来，帨巾发展成一种附饰，如清代妃嫔朝服中的彩帨。它是一种上窄下宽长约一米，缀于衣服上，通过色彩及绣纹区分身份的细布。

5. 古代的绅带

古人腰间所系的大带，结束方式是由后绕至前身，在腰前打结，打结后所余的部分垂下。人们将下垂的这部分称为"绅"。因而，大带又被称为"绅带"。据《论语·卫灵公》记载："子张书诸绅。"宋代邢昺（bǐng）注释："以带束腰，垂其余以为饰，谓之绅。"因为绅是带子末端下垂的部分，所以可提起来记事。当然，这是应急的做法。在一般情况下，官吏记事，是用一种手板，名"笏"，不用时就将它插在腰间，后来干脆把垂绅插笏的仕宦称为缙（jìn）绅。缙就是插的意思。据《晋书·舆服志》记载："其有事则搢之于腰带，所谓搢绅之士者，搢笏而垂绅带也。"说的就是这种情况。后来还引申出乡绅、绅士等名词，专指那些具有一定身份和地位的人，意思是他们具备了缙绅的资格。秦汉以后，命妇也可以配用大带，通常与祭服搭配。

6. 古代的蔽膝

古代下体之衣还有蔽膝，又叫芾（fú）、韨（fú）、韠（bì），顾名思义，是遮盖大腿至膝部位的服饰。其由来可从郑玄《易纬·乾凿度》的注里得出，"古者田渔而食，因衣其皮。先知蔽前，后知蔽后，后王易之以布帛，而犹存其蔽前者，重古道，不忘本。是亦说芾之元由"，"芾，大（太）古蔽膝之象"。原始人以兽皮遮羞御寒；生产方式改进以后，有了布帛。这是劳动人民的创造，不是什么"后王"的发明；先秦时期，还有韠、芾，其意也不是"重古道"。除去这些后世经学家附会的意思，注里的话是可信的，蔽膝是古代遮羞物的遗制。郑玄也看出了这一点，尽管他用后代的名词"蔽膝"来称呼古物。根据古代注释家的描述我们可以推测：古代蔽膝的形制与今天的围裙相似；不同的是，蔽膝稍窄，而且一定要长到能"蔽膝"，并不像围裙那样直接系到腰上，而是拴在大带上。其功用不是保护衣服，而是作为一种装饰。它外表涂漆，绘有动

蔽膝

植物、几何图案及其他图纹，可以用皮革制成，以象征古时兽服。商周时期的礼服上多佩戴蔽膝，冕服所配为"芾"，其他服饰所配为"韠"。随着服饰的发展，蔽膝形制也在变化，除了皮革制的蔽膝，还有布帛制成的蔽膝。其名称也随之发生变化，由袚、韠变成袆（huì）、袚（fú）。许多古代作品中提到蔽膝，如《汉书·王莽传》："（莽）母病，公卿列侯遣夫人问疾。莽妻迎之，衣不曳地，布蔽膝，见之者以为僮，使问，知其夫人，皆惊。"

7. 文身的起源

文身，又称刺青，指用带有颜色的针刺入底层皮肤，在皮肤上制造一些图案或字样出来。

文身的起源有多种说法，其中之一为：原始时期，人间发生大水。有一对兄妹，因躲在葫芦瓢内幸免于难。大水过后，人间只剩下这对兄妹。眼看二人就到了婚配年龄，妹妹背着哥哥偷偷在自己脸上刺图案，哥哥以为又来了一个女子，于是二人便结婚生子，繁衍后代。据资料分析，文身的图案主要是日月星辰、人物、动植物、建筑物、几何图案、文字，文身的动机主要是护身、标志、崇拜、美饰等。古代的一种肉刑——黥刑，乃墨刑（墨刑，古代刑罚，在犯人额上刺字并染以墨）的一种，也用作墨刑的异称。据《说文解字》记载："黥，墨刑在面也。"因为墨刑是用黑色染料在犯人面上刺字，所以又叫"刺青"。正因为如此，现在不少人仍然比较忌讳文身。

8. 岳母刺字的故事

岳母刺字的故事最早见于清乾隆年间。杭州钱彩、金丰的《说岳全体》第22回"结义盟王佐假名，刺精忠岳母训子"讲，岳飞不受杨幺的使者王佐之聘，其母恐日后还有不肖之徒前来勾引岳飞，倘若岳飞一时失察受惑，做出不忠之事，他的英名就会毁于一旦。于是祷告上苍神灵和祖宗，在岳飞背上刺了"精忠报国"四个字。该书叙述了岳母刺字的具体过程：其母先用毛笔在岳飞背上写上字，再用绣花针刺，然后涂以醋墨，使刺字永不褪色。

岳母刺字一事历来存在争议：一种说法认为岳母刺字只是传说，并非史实。因为在宋代，刺字并不是任何人都能做到的，而是一项专门的技艺。在古代文学作品中也提及有专门的刺字人员，如《水浒传》第八回，林冲被"刺配远恶军州"，"唤个文笔匠，刺了面颊"。第十二回，杨志被判刑，也"唤个文墨匠人，刺了两行金印，迭配北京大名府留守司充军"。这些都可以表明，宋代并非任何人都具备给人刺字的手艺。更何况岳母年事已高，老眼昏花，无法完成刺字这一高难度的技艺。另外一种说法认为，岳母可以完成在岳飞后背刺字这件事，只不过是用最原始的方法罢了。刺字，说白了就是文身的一种。而原始文身有一种方法是，用针在人体皮肤上沿着事先绘制好的图案按顺序打刺，以见血为止，然后将颜料敷在伤孔上，使颜料渗入伤孔，待伤孔愈合，结痂脱落，便会留下抹不去的图案。这种方法不像现代文身那样具有高难度，也便于岳母操作，同时带来的疼痛感又能让岳飞将"精忠报国"四个字铭记于心。

9. 女子缠足的风俗

缠足是中国古代封建社会特有的一种陋习，是古代中国男权社会的畸形产物。缠足，俗称裹脚或裹足，指中国古代女子以布帛紧束双足，使足骨变形，脚形尖小成弓状，并以此为美的风俗。女子一般从四五岁开始缠足，长大成人之后才除去裹脚布，有的直到去世还裹着缠脚布。关于缠足的起源众说纷纭，相传南唐李后主令官嫔窅（yǎo）娘以帛绕脚，使之纤小为新月状，于是人皆效之。南宋时期，受当时礼教思想的影响，缠足已成流行趋势。需要注意的是，宋代的缠足是把脚裹得"纤直"但不弓弯。元代，贵族妇女和具有特殊身份的妇女一般都缠足，但平民妇女缠足不多见。到了明代，就连平民女子也纷纷缠足，并出现了"三寸金莲"之说，要求脚不但要小至三寸，而且还要弓弯。清代，因满人妇女不缠足，清政府也明令反对妇女缠足；但由于执行力度不强，民间缠足之势依然盛行，蔓延至各个阶层，后来连入关的满族女子也跟着缠足。辛亥革命后，缠足陋习逐渐废绝。

10. 三寸金莲

"三寸金莲"一是指女子的小脚，这种说法源于南朝齐东昏侯的潘妃步步生莲花的故事。东昏侯用金箔剪成莲花的形状，铺在地上，让潘妃赤脚在上面走，从而形成"步步生莲花"的景象。还有人认为小脚之所以称为金莲，应该从佛教文化中的莲花方面加以考察。莲花出淤泥而不染，在佛门中被视为清净高洁的象征。佛教传入中国后，莲花作为一种美好、高

三寸金莲

洁、珍贵、吉祥的象征也随之传入中国，并为中国百姓所接受。在中国人的吉祥话语和吉祥图案中，莲花占有相当的地位，也说明了这一点。因此，以莲花作为妇女小脚的代称是一种美称。另外，在佛教艺术中，菩萨多是赤着脚站在莲花上的，这可能也是把莲花与女子小脚联系起来的一个重要原因。

另一种是指女子所穿的鞋子。元代文学家杨维桢是个登徒子，时常与朋友在青楼酒肆间宴饮，遇到双脚纤细的缠足女妓，辄令其脱下鞋子作为载酒行令的道具。这种游戏用的鞋子被称为"金莲杯"。

六 古代的礼服

1. 吉色与凶色

色彩因素在衣饰习俗中主要有两方面的功能：一是审美，二是信仰。并由此形成了衣饰习俗中的色彩特征。

在审美方面，中国历朝历代都有不同的色彩喜好。殷商时期其色尚白，周崇尚红，春秋时期紫衣最贵，汉代尚青紫色，六朝尚白衣冠等。这一特征在民族服饰上也体现得很充分，如回族男子戴白帽、朝鲜族老年妇女着白裙、蒙古族尚大红大绿等。

在信仰方面，汉族以白、黑为凶色，以红、黄为吉色；冬季喜深色，夏季尚浅色。并且伴随着服饰的色彩因素，还出现了许多衣饰制度。如唐贞观年间朝廷规定：三品以上官员服紫，五品以上朱，六七品绿，八九品青。《明会典》规定：禅僧服茶褐色，青绦，披五色袈裟；讲僧五色，绿绦，浅红袈裟；教僧黑色，黑绦，浅红袈裟。道士常服青法衣，朝服红色。

今日虽不严格，但仍有传承。如本命年时穿戴的红肚兜、红裤衩、红腰带等，都含有色彩信仰的含义。

2. 礼服的源流

礼服，据《汉语大词典》解释为"举行重要典礼时按规定所穿的衣服"。那么礼服起源于何时？礼服的起源尚无考证，但在《论语》中有这样一句："禹，吾无间然矣。菲饮食而致孝乎鬼神，恶衣服而致美乎黻（fú）冕。"大意是孔子都挑不出大禹的毛病，因为禹的饮食起居很节俭，而祭祀时穿华美的礼服——黻冕，以表示对鬼神的敬重。进入宗法制社会以后，无论官方组织的朝会、祭祀，还是民间举办的庆典活动，对参加人员的衣饰规范都有一定的要求，甚至是严格的规定；并被赋予昭明身份、别贵贱、分等威的寓意，因此形成了一整套完整的吉礼、凶礼、嘉礼、军礼、宾礼服饰系统。《内政年鉴（1936）·四·礼俗篇》记载："衣服为彰身之具，亦即国民文化之象征。历朝鼎革，必易服色，以新观感而定礼仪。""礼服为敬事之服，用以接人待物，关系观瞻至钜（jù）。"为此，历代统治者在登基之初，就会对服制进行相应的规范。

周代礼服的划分十分细致，奠定了我国2000多年的礼服形制。当时主要有六种礼服：大裘冕是帝王祭祀昊天、上帝、五帝的礼服；衮冕是帝王大公祭祀先王的礼服；鷩（bì）冕是帝王和贵族祭祀先公、飨（xiǎng）射典礼所着礼服；毳（cuì）冕是帝王和贵族祀四望、山川的礼服，也是子男爵朝觐（jìn）天子的礼服；希冕，又作"絺（chī）冕"，为天子、诸侯祭祀社稷的礼服；玄冕则专用于小型祭祀活动（祭祀河湖、山林、土地等）。周代有一种叫作弁服的礼服，它仅次于冕服，是最早的朝服。其他还有玄端作为燕居之服。另外在《周礼·天官》中规定命妇的礼服也为六种，即袆衣、揄翟、阙翟、鞠衣、展衣、褖（tuàn）衣。

秦代废除了周代的礼服，只保留了被称为"袀（jùn）玄"的衣服。关于它有两种说法：一指由玄缯（zèng）衣、绀缯裳构成的上衣下裳不相连的服饰，由两种颜色构成；二指由玄绀色缯做的上衣下裳相连的深衣式服装，由一种颜色构成。

汉初沿袭秦制，以袀玄作为礼服。到东汉永平二年（59年），国家全面系统地制定官服制度，恢复周代的冕服制度，这是儒家学说中的衣冠制在中国的首次应用。朝服为深衣制袍，袍外挂组绶。

魏晋南北朝时期，冕服基本承袭旧制，但朝代更迭频繁，各朝代都有自己的特色。如晋代冕服主要为衮冕，在祭祀天地、明堂、宗庙以及元会临轩等场合，以及祭奠先圣、临轩时穿；不过，祭奠先圣时穿的衣服并非上衣下裳制，而是袍制。

隋唐时期，恢复了魏晋以来被废止的冕服制度。冕服作为重大祭祀活动的祭服，一般很少使用，自天子至百官均可穿。朝服为次于冕服的第二等礼服，用于朝会、陪祭等活动，借鉴了冕服形制。公服为第三等礼服。黑介帻服是没有公职的士人，在朝见受诏时穿的衣服。在妇女礼服方面，大礼服为袆衣，是最隆重的大礼服，榆翟为太子妃最隆重的大礼服，皇后礼见皇帝时穿青衣，皇后宴见宾客时穿朱衣。

宋代初期，全面恢复了周代的六冕和后妃的礼衣。后来对它进行了调整，衮服以下的四等礼服按照品级细化，通天冠服成为第二等礼服。

元代，除冕服沿袭宋金服制外，还有一种民族服饰——质孙服。皇帝臣工皆可穿，通过用料、颜色区别尊卑，分为冬夏两大类，26等，冬11等，夏15等。

明代洪武年间，只留衮冕作为祭天地、宗庙的礼服，其余冕服一概废除。并且规定除皇帝、太子、亲王外，其他人不得穿冕服，这标志着2000多年的君臣公用冕服制度的废除。

清代，皇帝礼服由朝冠、朝服、端罩、衮服、朝珠、朝带、朝靴等组成。朝仪和祭祀用服的区别在于衣袖的颜色，"袖异衣色"为朝仪用服，"袖同衣色"为祭服。皇后礼服由朝冠、朝袍、朝褂、朝裙、金约、领约、耳饰、彩帨、朝珠、朝靴等组成。皇帝礼服用于元旦、万寿、千秋、冬至、登极、出殿、金殿传胪，以及祭拜日、月、天、地等活动；皇后礼服用于亲蚕以及元旦、万寿、冬至三大节日接受群臣朝贺之时。各级官员的朝服，则用蓝色或石青色，其中以石青色为多。蟒袍是文武官员最常用的礼服，因袍上绣有蟒纹而得名。清代凡后妃命妇，都以凤冠、霞帔作为礼服。

3. 古代的常服

常服主要指一般服饰，即社会各阶层在普通场合下均可穿的服饰。

周代，衣服的样式主要有直裾单衣、曲裾深衣、襦裙、胡服、袍。当时人们为了适应赤脚席地跪坐，外出则乘坐马车，仕宦的衣服样式比商代略有宽松。

汉代，深衣盛行，襦裙、裤主要为士庶的穿着，式样简单。右衽交领，窄袖。如上衣为夹衣，往往会施较宽的领缘和袖缘。袴褶本为胡服，便于骑射，北朝时传入中原后风靡一时，一直盛行到隋代。文武官员穿得最多。

隋代，常服也可以作为朝服使用。如隋文帝常以折上巾、黄文绫袍、六合靴的常服打扮临朝听政，但是大臣不能随便穿常服朝见君王。

唐代，常服就是身上穿的窄袖、圆领袍衫，上至天子，下到百姓，平时都可以穿，只不过赤黄色的袍衫只能皇帝穿，再配上折上头巾、九环带、六合靴，配成一套。

宋代，常服与公服合并，一般装束为头戴幞头，身穿大袖长袍，腰间系革带，脚上穿靴。其中，袍有宽袖广身和窄袖窄身两种类型，有官职者着锦袍，无官职者着白布袍。

明代，皇帝的常服为乌纱折角向上巾，盘领窄袖黄袍，即翼善冠服，而我们常见的明代补服为官员的常服。洪武四年（1371年）三月，朝廷对皇后常服做出具体规定：戴龙凤珠翠冠、穿红色大袖衣，衣上加霞帔、红罗长裙、红褙（bèi）子，首服特髻上加龙凤饰，衣绣有织金龙凤纹，加绣饰。

清代，皇帝的常服为对襟平袖的外褂、圆领袍，一般男子的常服为长袍配马褂、马甲。汉族女子的服装吸纳了一些旗装要素，如琵琶襟，以及领、袖、下摆缘上的繁复花边"十八镶"等；满族女子的服装为马褂、坎肩、褂襴、裙子、云肩等。

4. 古代的官服

官服在每个朝代都留下了深刻的印记，由简陋单一逐渐演变成系统完善的服饰体系。官服一般由冕服、朝服、祭服、公服、常服等组成，其中冕服、祭服在古代礼服一节中已经讲述，常服也在上文提及，故不过多描述，本节主要介绍朝服及公服。

周代的朝服为弁服，分为韦弁、皮弁、冠弁、爵弁四种形式。韦弁为兵事时所穿，皮弁服为日朝之服。这里的"朝"，据贾公彦注疏，解释为日朝。"朝服"是日朝之服，皮弁服为天子之朝服；在祭祀那天，也穿此服。皮弁服是十五升白布衣，积素以为裳的服装；他国之臣的吊事也穿皮弁服。冠弁服为甸（田猎）时的服饰。

秦代崇尚黑色，规定衣服以黑色为最上。同时规定了官员的服色，三品以上的官员穿绿袍，庶人穿白袍。官员头戴冠，身穿宽袍大袖，腰配书刀，手执笏板（上朝用的记事工具），耳簪白笔。当时的男子多以袍服为贵，袍服的样式以大袖收口为多，一般都有花边。百姓、劳动者或束发髻，或戴小帽、巾子，身穿交领长衫，窄袖。

西汉，官服只不过是一种长袍，而且官员一年到头都要穿这种黑色的袍服。由于官服相同，只能靠冠帽来区分官职的不同和级别，不同的官员佩戴的冠帽也不同。自周代开始，官员们就要佩戴绶带。这种官绶制度在汉代依然被严格执行着。

唐代，冕服只在盛大的典礼时穿；其他日子，皇帝百官统一穿规定的朝服、公服及常服。朝服是上朝时穿的服装，只限七品以上的官员穿。公服又叫省服，与朝服基本相同，但更为简便一些。常服以襕衫为主，是一种圆领窄袖、左右开衩的长袍。官服的色彩被定型下来，三品以上服紫，四品五品服绯，六品七品服绿，八品九品服青，妇人从夫色，一直影响到清代。唐代的官服比以前任何一个时代都要漂亮，且自成体系，官袍用绫做成，以不同颜色花纹作等级区分，文官绣禽，武官绣兽。

宋代，朝服的式样基本与唐代相同，仅将进贤冠的梁数做了改动，由二梁开始，直至五梁。到元丰二年（1079年），宋神宗废除了隋唐以来依照官员品级确定冠绶的规定，改由官员职位决定服饰，共分为七等冠绶。官员穿朝服后，在脖子上套一个上圆下方的饰物，叫作方心曲领，暗合天圆地方之说。宋代官服变化最大的是幞头，唐代的软幞头在宋代变成了一种硬胎硬脚的帽子，有了固定的形状。官员最常戴的是直脚幞头，脑后有两根直尺一样的脚，水平伸出，开始较短，后来越伸越长。

元代中期，元仁宗在保持蒙古人固有衣冠的基础上，下令中书省规定服色等级，规范了衣冠服饰制度。在唐、宋官服式样的基础上，确定了和它们大致相似的冕服、朝服、公服。

明太祖洪武二十六年（1393年），法令规定：文武百官的朝服都沿袭唐、宋朝服的式样，外穿红罗上衣、下裳和蔽膝，内穿白纱单衣，足登白袜黑履，腰束革带和佩绶，头戴梁冠。官员的等级通过冠的梁数和绶带的纹饰表示。明代官员在重大朝会的场合要穿公服，公服由展脚硬幞头和盘领宽袖长袍组成，袍服的颜色根据官品而定，官员的常服为补服。

清代，官服通常为蓝色，只在参加庆典时穿绛色官服；外褂在平时都是红青色，素服时，改用黑色。清廷规定百官禁止穿明代官服，但明代的补子为清代官服所沿用，图案内容大体一致，改为单禽。各品级略有区别。文官：一品鹤，二品锦鸡，三品孔雀，四品雁，五品白鹇，六品鹭鸶，七品鸂鶒，八品鹌鹑，九品练雀。武官：一品麒麟，二品狮，三品豹，四品虎，五品熊，六品彪，七品、八品犀牛，九品海马。另外，御史与谏官均为獬豸。与明代相比，清代的补子相对较小，前后成对，但前片一般是对开的，后片则是一整片，主要原因是清代补服为外褂，形制是对襟。一般清代官服以顶戴花翎显示其不同的身份和地位。官服中的礼冠名目繁多，有朝冠、吉服冠、行冠、常服冠、雨冠等。腰上的挂件，最初只有两三种，后来越来越多，包括香荷包、烟袋、扇套等。另外一种重要的服装是"黄马褂"，是皇帝赏赐给有功之臣的，穿上它拥有特殊的权利，即使犯了罪也不用受杖刑，因为打黄马褂等于打皇帝。

5. 古代的婚礼服

婚礼服是诸多礼服中比较特殊的一种，专指结婚时新郎、新娘穿的礼服。我们现在比较熟悉的传统婚礼服是新郎长袍马褂、胸前红花，新娘凤冠霞帔、红袄罗裙或团衫褙子，这是明清以后才形成的一种婚礼服。而早期的婚礼服，可能不像现在人想象得那么喜庆、漂亮。

周代婚制中的礼服崇尚端正庄重，与后世婚制中有所不同。婚服的色彩遵循"玄纁（xūn）制度"。新郎服饰为爵弁，玄端礼服，缁袘（yì）纁裳，白绢单衣，纁色的韠，赤色舄（或屦）。举行婚礼的时候，新娘穿玄色纯衣纁袡（rán）礼服，拜见公婆时则穿宵衣。

春秋战国时期，据《仪礼·士昏礼》记载，成亲时，新郎头戴缁色爵弁，身穿"纁裳缁袘"，坐着墨车；新娘头戴一种叫"次"的假发，身穿"纯衣纁袡"；随行者也都穿戴黑色衣饰；主人身穿玄端。此时参加婚礼者的衣料虽比较高档，但所有人衣服的颜色都是黑色，丝毫没有后世喜庆的色彩。

秦汉时期，皇太后、太后、公卿夫人等的婚礼服采用深衣制。禅衣内有中衣、深衣，其形无大区别，只是袖形有变化，都属于单层布帛衣裳。汉代时曾采用12种色彩的丝绸，设计出不同身份的人穿用的婚礼袍服。

唐代，婚礼服融合了前代的庄重神圣和后世的热烈喜庆，男服绯红，女服青绿，也就是现在所说的红男绿女。男子穿假绛公服亲迎，有人认为这是红色婚服的起源；女子则"花钗青质连裳，青衣革带韈履"，头上的佩饰为金银饰以琉璃等的细钗，钿钗有品级。"花钗青质连裳"说的是钗钿礼服，在花钗大袖襦裙或连裳的基础上发展出来，层数繁多，穿时层层压叠着，然后再在外面套上宽大的广袖上衣。穿这种礼服，发上还簪有金翠花钿，所以又称"钿钗礼衣"，钿钗礼衣常作为唐代通用的归嫁礼服。唐代以后，繁复的钗钿礼衣有所简化，成为一般意义上的花钗大袖衫。

到了宋代，则崇尚简约。女子婚服虽然已经不是隆重繁复的钗钿礼衣，但依然是花钗大袖礼服。男子婚服制：三舍生及品官子孙可假穿九品幞头公服，其余庶人着皂衫衣、折上巾。

明代，庶民女子出嫁时可享受命妇穿戴凤冠霞帔的殊荣，如同庶人男子亲迎可着九品官服（明朝九品官服是青绿色，文官补子为鹌鹘，武官补子为海马）。除凤冠霞帔外，女子的婚服还有真红褙子、红罗裙、真红大袖衣、圆领女蟒服（同夫级别）、大红褶裙。

清代汉族新娘通常穿红底绣花的袄裙或旗袍，身披背心式彩霞帔，头上插红花，脚穿红色绣花鞋，拜堂时头戴大红色盖头。新郎通常穿青色长袍，外罩黑中透红的绀色马褂，佩戴暖帽，并插赤金色花饰（称金花），拜堂时身披红帛（称披红）。

6. 凤冠霞帔

新娘的礼服是婚礼服中最好看的、最喜庆的，也是最烦琐的。因冬夏季节不同或个人兴趣爱好不一样，新娘礼服的具体搭配也不完全相同，大致可分为简、繁两种。简约的新娘礼服可视为新式的婚礼服，即盘发旗袍。烦琐的新娘礼服也就是传统的婚礼服，即身穿红袄罗裙，外套团衫褙子，头戴凤冠，身披霞帔，简称"凤冠霞帔"。

凤冠，原本是古代贵族妇女所戴的礼帽，因上有金玉制成的凤凰形装饰，故称凤冠。冠上饰件以龙凤为主，龙用金丝堆累工艺焊接，呈镂空状，富有立体感；凤用翠鸟羽毛粘贴，色彩经久艳丽。冠上所饰珍珠、宝石及重量，各不相等；冠上嵌饰龙、凤、珠宝花、翠云、翠叶及博鬓。这些部件都是先单独做成，然后插嵌在冠上的插管内，组合成一顶凤冠。凤冠造型庄重，制作精美，其工艺有花丝、镶嵌、錾雕、点翠、穿系等。最后的组装更是一项非常复杂的工序，各饰件的放置，几千颗珍珠的穿系，几百颗宝石的镶嵌，集诸多饰物于一冠，安排合理。凤冠口衔珠宝串饰，金龙、翠凤、珠光宝气交相辉映，富丽堂皇，非一般工匠所能达到。凤冠上金龙升腾奔跃在翠云之上，翠凤展翅飞翔在珠宝花叶之

清代的霞帔

中。后来，因其龙凤呈祥的美好寓意，遂成为汉族传统婚礼中新娘的盛饰。

霞帔，唐代时，指绣有霞纹的披肩，一度作为道士服的代称。宋代以后，则专指命妇的礼服，成为表明身份的一种服饰。明清时期，霞帔继续作为命妇的服饰，形制进一步变化。主要表现在文武官夫人霞帔的胸背正中有鸟禽类的补子，下端改用流苏缀饰，霞帔整体放宽如背心，平民妇女在出嫁时与入殓时也可穿戴。后来它也成为汉族婚礼中新娘的冠饰，用以衬托吉祥富贵、喜庆热烈的气氛。

7. 红袄罗裙

红袄通常与罗裙配套穿，统称"襦裙"。红袄罗裙既可单独穿，用作结婚礼服；也可穿在里面，外面再套上团衫或褙子。

袄在我国有悠久的历史，是在襦的基础上发展而来的一种服装。起初，袄与襦混称"襦袄"，后来才与襦区分开来。袄是一种短于衫长于襦、有衬里的上衣，大多用五彩绣罗或锦缎等厚实的织物制作而成，多用以保暖御寒，秋冬季常见。因有衬里，又被称为"夹袄"；那些蓄有棉絮的袄，俗称为"棉袄"。袄最初的形制很少用对襟，一般多为大襟、窄袖，后来逐渐出现对襟袄。唐宋以后，男女皆可穿。有的人将其穿在长衣之内，用来保暖。明清时期，出现各种颜色的袄。其中，红袄多为女子穿着，逐渐成为一种新娘的婚礼服。

罗裙，即用丝罗制作的裙子。因我国古代劳动人们较早掌握养蚕缫丝的技术；并且裳与裙子有着千丝万缕的联系，使裙子在中国有悠久的历史。裙子在汉代时已流行，不过当时多为麻、帛制成的黄裙，贵妇穿罗裙。梁江淹的《别赋》最早（在文学作品中）提到罗裙："攀桃李兮不忍别，送爱子兮沾罗裙。"唐代，裙子成为女子的普遍服饰，加上经济较发达，丝织裙子非常流行，款式多种多样，如石榴裙、百鸟裙、间色裙等。这时的裙子也成了唐诗中的重要意象，如白居易《琵琶行》说"钿头云篦击节碎，血色罗裙翻酒污"。还有那句脍炙人口的"遍身罗绮者，不是养蚕人"（张俞的

《蚕妇》）。宋代流行印花罗百褶裙，"坐时裙带牵素手，行即罗裙扫落花"。明清时期，女子在举行婚礼时穿红罗裙，此时的红罗裙已成为一种常见的婚礼服。

8. 褙子、团衫

褙子、团衫是古代妇女的日常服饰，都可作为外衣。

褙子，也写作"背子"，又名"罩甲"。褙子始创于秦，渐为庶民着装，是一种由半臂或中单演变而成的上衣。形制为对襟，两侧从腋下起不缝合，多罩在其他衣服外面。唐代，多为短袖上衣。两宋时期因受程朱理学的影响，人们开始追求质朴的穿衣风格，男女皆服。但因时间和场合不同，其形制、式样也有很多变化。此时褙子主要有三种式样：一种为贵族男子穿在礼服内的衬衣，形制为长袖、两腋开衩，较长过膝；一种为仪帐制服，对襟、袖短，长至膝；一种为妇女便服，其制与其他两种类似，只不过在衣袖上有区别，袖有宽窄。女子的褙子则外穿，并成为典型的常服款式。元代，褙子一度作为妓女服饰。明代，它被称为披风，更为流行，可作为后妃的常服，也可作为命妇的礼服，多为四开衩样式。

团衫起初是蒙古贵族女子的常服。因其袍身宽大，衣长拖地，袖肥口窄，故称团衫。它采用的面料多为织金锦、丝绒或毛织品等，流行使用红、黄、绿、茶、胭脂红、鸡冠紫、泥金等色彩。延续至明代，团衫成为北方汉族妇女的常礼服。明代文人陶宗仪的《辍耕录·贤孝》中就说："国朝妇人礼服，达靼曰袍，汉人曰团衫，南人曰大衣，无贵贱皆如之。"指出团衫在不同民族的称谓。

七 饮食文化

1. 饮食文化释义

有句古语:"仓廪实而知礼节,衣食足而知荣辱。"指人们只有吃饱穿暖了,才会懂得礼义廉耻。人类必须解决饮食这个首要问题,才能谈得上其他社会生活。

我们这里讲的饮食文化,又称饮食习俗,或者简称食俗。它伴随着人类社会逐渐发展,是关于人们日常生活中的食物、饮料及其加工方式、食用习惯的一种风俗文化。饮食这个词既可以作名词也可以作动词,名词指各种饮品和食物;而作为动词,简单说就是"吃什么""怎么吃"和"为什么吃"。

我们知道,不同国家有不同的饮食特色与文化风俗。中国饮食文化丰富多彩、博大精深,蕴含物质层面与精神层面双重含义。中国人对饮食特别重视,换言之,饮食对中国人的文化心理结构有着深刻影响,这从很多词汇中可以看出。有很多典故、寓言、成语、熟语直接来自饮食文化,比如嫉妒叫"吃醋",享受到特殊照顾叫"吃小灶",光吃饭不做事叫"吃白饭",经历失败吸取教训叫"吃一堑长一智"……除了直接带吃字的,还有间接与吃字有关的,如鱼肉百姓、鱼米之乡、巧妇难为无米之炊、鱼与熊掌不可兼得、姜还是老的辣等,可见饮食文化无所不在,渗入了中华文化的方方面面。

2. 饮食文化的类型

饮食文化是中国传统文化的重要组成部分,在漫长的历史进程中,逐渐形成了自己独特的饮食民俗,创造了具有独特风味的中国饮

食文化。中华饮食文化内涵丰富,大致形成了四种基本类型:

一是居家食俗。居家食俗是人们日常生活中普遍流行的一种饮食习俗,内容丰富,范围极广。主要包括每天用餐的次数和时间、进餐时的座次安排和程序、一年四季主副食结构的调整和变化等内容。

二是节日食俗。节日食俗是饮食文化中表现最丰富,也是最富有民俗文化特色的习俗。几乎每个节日都有与其相应的食品,如正月十五吃元宵,二月二吃炒豆,五月五吃粽子,八月十五吃月饼,九月九喝菊花酒,腊月初八喝腊八粥,大年三十包饺子、吃年糕等。在漫长的历史岁月里,节日与饮食相辅相成,饮食因节日而家喻户晓,节日因饮食而久传不衰。

三是信仰食俗。信仰食俗自古有之,主要包括祭祀供奉和饮食禁忌两个方面。祭祀供奉,就是拿活人饮食给鬼神享用以示虔诚,反映了人们对鬼神、死人的畏惧心理;饮食禁忌或来自宗教信仰,或来自生活经验的总结。

四是仪礼食俗。仪礼食俗主要指从社会需要出发举行的各种仪礼性的宴饮活动。民间的仪礼食俗丰富多彩,直到今天仍有不少遗留,如婚礼中的"交杯酒"等,都有祝吉的含义。

3. 食色性也

"食色性也",出自《孟子·告子上》。告子是战国时期的思想家,传说是孟子的学生,也有人说是墨子的学生。在人性论上,他主张"性无善无不善"说,与孟子的"性善论"和荀子的"性恶论"共同构成了中国古代对人性的三种基本认识。有一次,孟子和告子讨论人性的时候,告子就说了上面这句话:"食、色,性也。仁,内也,非外也。义,外也,非内也。"在这里,"食"是饮食、食欲的意思,"色"是美色、性欲的意思。告子的意思是,饮食和色欲,是人类的本性。"仁"是内在的,是先天具有的,而不是外在的;"义"则是外在的,是后天学习的,而不是内在的。

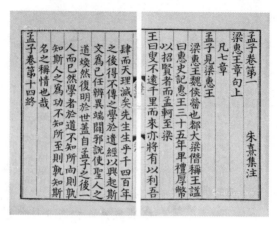

《孟子》

　　《礼记·礼运》篇中也说过："饮食男女，人之大欲存焉。死亡贫苦，人之大恶存焉。"意思是：饮食之需和男女之情，是人类具有的普遍欲望；而生老病死和贫穷苦难，则是人类普遍厌恶的事情。"饮食男女"，也就是告子所说的"食色"。这说明，在"饮食"和"男女"问题上，古代的许多思想家具有相同的观点。

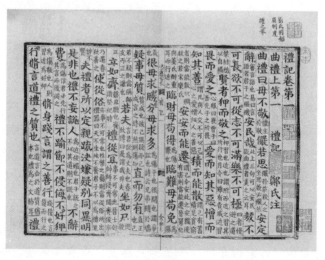

《礼记》

　　从人类发展的角度来说，也确实如此。"饮食"即吃喝，是保证个体生存的前提；"男女"即生育，是保证人类繁衍的前提。如果失去了这两大前提或者失去了其中任何一个前提，人类也就不复存在了。这正是"上帝造人"的高明之处。"食色性也"一语不仅指出了男女生育对人类繁衍的重要性，而且肯定了饮食对个人生存的重要性；从中也能看出饮食文化在中华文化中的重要地位。

4. 饮食文化的起源

中国饮食文化历史悠久，从产生、发展到繁荣，经历了漫长的过程。寻找食物是动物的本能，人类正是在寻找食物的过程中，逐渐脱离动物而进化成人的。远古之初，原始人类与其他动物一样，只是将饮食视作人类的一种生存本能，是一种自然的生理需要，远远谈不上"文化"二字，这是饮食发展的第一阶段——自然饮食阶段，又可称为生食阶段。在这一阶段，人类只会像其他动物一样采集植物的果实、嫩叶、根茎，捕捉鸟兽虫鱼等可食用的东西以维持生命。

人类饮食发展的第二阶段是调制饮食阶段，又叫作熟食阶段。熟食的标志是人类对火的使用。人类在寻找食物的过程中学会了简单劳动，促使前肢进化为手臂，后肢进化为腿脚，逐渐能够直立行走，大脑也逐渐发达，便开始使用火。最初的火，可能来自闪电起火、火山爆发、枯草自燃，一些动物因来不及逃跑被烧死，散发出阵阵香气，吸引了人类，先民便开始利用自然火烹制食物。后来为使自然火不熄灭，又发明了人工取火。

据考证，地处山西最南端的风陵渡是目前已知的点燃天下第一支火把的地方。生活在风陵渡一带的西侯度人首先在这里学会了取火，把人类用火的历史推到180万年前，他们被称为"人类烹调之祖"。火的使用，标志着人类与动物的分离，用火烹食是人类发展史上一件了不起的大事。它减少了人类对大自然的依赖，扩大了食物来源，大大减轻了肠胃的负担和损耗，减少了疾病，增强了体质。人类开始用自己的智慧和技能创造饮食，并从饮食活动中萌生出对精神层面的追求，饮食已经初步具有文化的意味。

5. 早期的饮食制作方法

蒙昧时代，人类的饮食方法与动物并无区别。他们进食是生吞活剥，食物原料就等于美味佳肴。火的发现与运用使人类结束了茹毛饮血的时代，进入了烤炙熟食的文明时代，饮食制作方法也随之发展起来。

饮食制作又称烹饪，"烹"是煮的意思，"饪"是熟的意思，故烹饪最初的含义就是用火把食物煮熟。早期的烹饪方法比较简单，是将食物直接放在火上烧烤，即"火烹法"。这种制作方法容易使食物焦糊，并受到草木灰污染。后来人们又逐渐发明出间接烧烤的方法，有"石烹法"，即把食物放在烧热的石板上燔（fán，焚烧），类似于现在的烤地瓜，后来炊具的发明应是受到这种方法的启发；除此之外，还有"包烹法"，就是将食物裹上草或泥再烧烤，叫花鸡便是运用了这种制作方法，将加工好的鸡用荷叶和泥土包裹起来烧制。

到新石器时代以后，人类进一步发明了用火烧制各类陶器、炊具、食具和盛器，我们祖先的饮食烹饪方法也随之有了进一步的发展，可以用蒸法、煮法等。《诗经·大雅·生民》有"释之叟叟，蒸之浮浮"，是关于蒸饭过程的描述，"释"指淘米，"叟叟"是淘米声，

火烹法

"浮浮"是热气腾腾的样子。在殷商的出土文物中有一种叫"鬲"（lì，作地名和姓氏时读gé，如"鬲津"）的器具，宽口、圆腹、三足，样子像鼎，是当时用于烧煮或烹炒的煮具；再如甑（zèng），是一种下部注水、中间隔开、上面放粮米的蒸具。也有人认为是"鬲上甑下"，甑是一种底部有许多透蒸汽的小孔、放在鬲上蒸煮食物的器具，相当于现在的蒸锅和笼屉。

早期的饮食制作方法虽然简单，但为后世的烹饪奠定了基础。后来，花样繁多的焙、炖、汆、焖、涮、烩、煲等多种烹饪方法均由此发端。

6. 仪礼食俗

仪礼食俗主要不是从生理需要出发，而是从社会需要出发而举行的各种仪礼性的宴饮活动。其中，最典型的仪礼食俗就是宴会。

宋代石棺宴饮杂剧图

宴会不同于日常进餐，具有一定的仪式，分"公宴"和"私宴"。凡是在公众场合举办的具有复杂仪礼的国宴、官宴、船宴、园宴、野宴等，统称"公宴"或"正宴"；而民间家庭中举行的婚宴、寿宴、接风、饯行等，统称"私宴"。凡宴席，都有主席（或称东道主）。在后面"酒文化"一节中还会进一步讲解。

在宴席这种仪礼食俗中，除了品尝美味佳肴外，还有增进感情、笼络人情、官场纵横、商品交易等深层意义。即便是私宴中没有什么仪礼的"便宴"，也往往具有这种意义。

《周礼》中就有"乡饮酒礼""士昏礼""公食大夫礼""飨燕礼"等名目规定，其礼各异。历代封建王朝的正宴，现在虽然不能全部得知，但仍有资料可查。其实，有些朝代的宴会的奢侈是可想而知的。《武林旧事》卷九"高宗幸张府节次略"条，记载了南宋张俊请高宗皇帝参加家宴的轶事。这次家宴共分三轮，每一轮都有多行、数味，从中可以想象当时御宴的富贵奢侈和烦琐复杂。

7. 豪华的宴席

《武林旧事》卷九"高宗幸张府节次略"条，记载了南宋绍兴二十一年十月甲戌日（1151年11月17日），宋高宗"幸张俊第"时，张俊宴请宋高宗的一次宴席。这次宴席共分三轮、多行、数味。

第一轮是初献，第一行是"绣花高饤一行八果罍（léi）"，包括香圆、真柑、石榴、橙子、鹅梨、乳梨、楑楂等8种水果；第二行是"乐仙干果子叉袋儿一行"，包括荔枝、龙眼、香莲、榧子、榛子、松子、银杏、梨肉、枣圈、莲子肉、林檎旋、大蒸枣12种干果；第三行是"缕金香药一行"，包括脑子花儿、甘草花儿、朱砂圆子、木香丁香、水龙脑、史君子、缩砂花儿、官桂花儿、白术人参、橄榄花儿10种香花；第四行是"雕花蜜煎一行"，包括雕花梅球儿、红消儿、雕花笋、蜜冬瓜鱼儿、雕花红团花、木瓜大段儿、雕花金橘、青梅荷叶儿、雕花姜、蜜笋花儿、雕花橙子、木瓜方花儿12种果脯；第五行是"砌香咸酸一行"，包括香药木瓜、椒梅、香药藤花、砌香樱桃、紫苏奈香、砌香萱花拂儿、砌香葡萄、甘草花儿、姜丝梅、梅肉饼儿、水红姜、杂丝梅饼儿12种蜜饯；第六行是"脯腊一行"，包括线肉条子、皂角铤子、云梦犯儿、虾腊、肉腊、奶房、旋鲊、金山咸豉、酒醋肉、肉瓜斋10种肉制品；第七行是"垂手八盘子一行"，包括拣蜂儿、番葡萄、香莲事件念珠、巴榄子、大金橘、新椰子象牙板、小橄榄、榆柑子8种珍稀水果。

再二轮是"再坐"，包括"切时果一行"8种水果、"时新果子一行""雕花蜜煎一行""砌香咸酸一行""珑缠果子一行"各12种、

"脯腊一行"10种，还有"下酒十五盏"，每盏2种，共30道菜。

第三轮是"插食"，包括炒白腰子、炙肚胘（xián）、炙鹌子脯、润鸡、润兔、炙炊饼、不炙炊饼、脔（luán）骨8道，另外还有"劝酒果子十道""厨劝酒十味""上细垒四卓""次细垒二卓""对食十盏二十分""对展每分时果子盘儿""晚食五十分各件"。

此外，还有"直殿官大碟下酒"11道、"直殿官合子食"11道菜、"直殿官果子"10碟。

总之，看都看不过来。

8. 饮食禁忌

在中国的饮食文化习俗中，有很多饮食禁忌，反映出古人尊老敬神、趋利避害等。比如有长辈时晚辈忌吃第一碗饭，否则会被视为对长辈不敬；忌用一只手给长辈递东西、递饭，否则便是对尊长的不敬；吃饭忌用手直接抓食物，忌打嗝、打呵欠，既不雅观，也不尊重他人。正月初一往往不吃生食，人们认为熟则顺，生则逆，吃生食意味着全年不顺，需将食物回锅。

我们需要掌握饮食禁忌方面的知识。中国古代在这方面积累了相当丰富的经验，中医学著作《金匮要略》中有"禽兽鱼虫禁忌并治"和"果实菜谷禁忌并治"的内容。后世不断完善和补充饮食禁忌理论，形成了一整套较为完整的理论。如根据体质不同确定饮食禁忌：形体白胖、形寒肢冷等阳虚体质者，当忌苦味、凉寒食物，如菜瓜、竹笋、柿子、石榴等；形弱消瘦、口燥咽干、少眠心烦等阴虚体质者，当忌辛温、辛热食物，如姜、椒、蒜、韭等；肤色晦滞、口唇色暗、眼眶暗黑等瘀血体质者，当忌苦酸、寒性食物。再如根据不同的气候与地域确定饮食禁忌：居住高寒、寒湿地区者，忌清凉降火性质食物，如水果、蔬菜、海产品等；居住温热、湿热地区者，忌辛热补阳类食物，如花椒、辣椒、羊肉、狗肉等。

由此可见，古人的饮食禁忌之多，涉及饮食文化的方方面面。

八 粮食与食品

1. 古代的五谷

谷物，是人类食物结构中非常重要的一类。商周时期称黍、稷（jì）、麦、菽（shū）、麻为五谷，可见五谷中本无稻。这是因为古代的经济文化中心在黄河流域，而稻主要生长在南方。后来则称稻、黍、稷、麦、菽为五谷。

稻，即水稻，脱壳后叫大米，除实用外，可用来制作淀粉、酿酒、制糖等。黍，名称古今一致，现在统称黍子；黍比小米稍大，煮熟后有黏性，可以酿酒、做糕。稷，古代又称粟或禾，现在称谷子，脱壳后叫小米。麦，本义是带芒的谷类，后世用作大麦和小麦的合称，一般专指小麦，加工成粉后叫面粉，可以制成各种面食品，是当今国人的主食。我国的小麦按种植时间可分为春小麦和冬小麦。菽，即大豆，古代作为豆类的总称，是耐寒、耐贫瘠的作物。古人认为大豆具有保岁的作用，如《氾胜之书》上说："大豆保岁易为，宜古之所以备凶年也。"所以，菽多为贫苦百姓所食。麻，今称大麻，是上古时期重要的纤维作物兼粮食作物，开花而结子者为"苴（jū）"，其籽食叫"麻子"，是上古时期的一种重要粮食作物，但主要是贫苦人所食；只开花不结籽者为"枲（xǐ）"，其麻秆的韧皮纤维长而坚韧，可供纺织。

其实在古代文献的记载中，"五谷"所指并不确定。《周礼》中说："以五味、五谷、五药养其病。"郑玄将其注释为："五谷，麻、黍、稷、麦、豆也。"《孟子》中说："树艺五谷，五谷熟而民人育。"赵岐将其注释为："五谷谓稻、黍、稷、麦、菽也。"《楚辞》中说：

"五谷六仞。"王逸将其注释为："五谷，稻、稷、麦、豆、麻也。"

一般来说，"五谷"为谷物的泛称，不一定限于五种，像五谷丰登、五谷不分都是这种用法。

2. 我国最早人工种植的农作物

距今7000多年前的河姆渡文化是中国长江中下游地区新石器时代文化的代表，在河姆渡文化遗址中发掘出相当数量的稻粒和稻草，可看作是南方人种植水稻的证据；距今五六千年前的半坡文化是中国黄河中游地区新石器时代仰韶文化的代表，半坡遗址出土了一罐已经炭化的粟（或谓黍，或谓稷），这说明，我国北方的黄河流域已普遍种植粟。这两个发现证明：中国是世界最早种植稻和粟的国家，南方人食大米、北方人吃小米的饮食格局在新石器时代已经形成。

除稻、粟外，五谷中的麦、菽、麻亦出现颇早。小麦原产于6000年前的古埃及，我国最早的小麦出土于新疆、甘肃等地的旧石器时代遗址，在安徽亳州的新石器时代遗址中也发现了碳化麦粒，距今已有4000多年的历史。菽即大豆，是中国特产，早在新石器时代便已有人栽培，在4000多年前已成为我国的重要食品，现在北京自然博物馆里还保存着山西侯马出土的2300年前的十粒大豆。春秋战国时的史料中通常将菽、粟并举，视为庶民百姓的活命之本和国家粮食储备之基。我国也是世界上种植大麻历史最为悠久的国家，大麻盛产于我国黄河中下游流域，距今有四五千年的栽培历史。

3. 中国大豆

大豆原产于中国，古时候称为菽，距今已有四五千年的栽培历史。到了清代，大豆才开始向国外传播。1740年，大豆作为珍贵新奇之物传到法国巴黎的植物园，1790年传入英国，1840年传入意大利，1870年传入德国。1873年，世界万国博览会在奥地利首都维也纳举行，圆滚滚、金灿灿的中国大豆引起了西方人极大的兴趣，从此，中国便有了"大豆王国"之称。

大豆

但在最初，欧洲人只把大豆作为观赏植物，就像西红柿刚传到中国的时候，我们只是将它栽在花盆里当花一样。1885年，一位法国领事从中国引进大豆种，经过巴黎远方植物学会的提倡，大豆开始在欧洲大陆上试种。1908年，2000吨中国大豆运抵英国后，欧美开始大面积种植大豆。至20世纪30年代，大豆栽培已遍及全球。大豆一词，在英语中为soy［sɔi］，发音很像汉语中"菽"的发音，此外，大豆在法、德、俄文中的发音也接近"菽"。

大豆由于单产低于粟、麦、稻，后来逐渐向着副食方向发展，产生了豆酱、豆腐、豆豉等新的食物品种。

4. 蜀秫与高粱

秫是"粱米、粟米（即谷子）之黏者（即黏高粱）"，粱是"粟米之优者（粟的优良品种的总称）"。为什么人们总是称"蜀秫"为"高粱"呢？

蜀秫，即高粱，也是中国原产的古老农作物，古代称为"藋粱""木稷""杨禾"等；因最早出自古代巴蜀地区，又是一种有黏性的粱米，故又称"蜀黍"或"蜀秫""黍秫"。三国魏张揖编著的《广雅》是我国最早的一部百科词典，其中《释草》部记载："藋粱，木稷也。"西晋张华的《博物志·卷四·物理》篇记载："《庄子》曰：地三年种蜀黍，其后七年多蛇。"意思是：《庄子》这本书中曾经说，如果一块地里连续种三年蜀黍，那么在接下来的七年里，这块地里就会有很多蛇。但是，今本《庄子》中并未见有关蜀黍的记载。清代学者王念孙《广雅疏证》进一步阐释了"木稷"的源流："今之高粱，古之稷也。秦汉以来，误以粱为稷，而高粱遂别名木稷矣。又谓之蜀黍。《博物志》云：'地三年种蜀黍，其后七年多蛇。'王祯《农书》云：'蜀黍，一名高粱，一名蜀秫，一名芦穄，一名芦（上卤下米），一名木稷，一名荻粱。以种来自蜀，形类黍稷，故有诸名。'"可见，蜀秫的种植历史由来已久，汉魏之际已见于记载，大约宋元以后才开始大面积种植。

黍秫之所以被称作高粱，大概有两个原因：一是粒大饱满，从外形看极像"粱"；二是植株高大，秸秆外表光滑坚硬，内里软而轻，在农村经常被用作修改房屋的建筑材料。高粱由于茎秸高大可以藏人，因此，高粱地又俗称"青纱帐"。清代纪晓岚的《阅微草堂笔记》记载："驴谅逸，入歧路，蜀秫方茂，斯须不见。"在抗日战争时期，"青纱帐"为游击队抗击日本侵略者立下了汗马功劳。

5. 黄粱美梦

"黄粱美梦"是一个常见成语，本义是在煮黄米饭的时间里做了一场美梦，多用来比喻虚幻不实的梦想。

该成语出自唐代沈既济的传奇小说《枕中记》。大意是说：道士吕翁会神仙术，在一家客栈里，遇见一位年轻人卢生。卢生一副穷困落魄的样子，看见吕翁，就向吕翁诉说壮志未酬的郁闷。吕翁从布囊中取出一个青瓷枕头，对卢生说："你枕着这个枕头睡上一觉，就会得到荣华富贵，一切就会称心如意了。"当时，旅馆的主人正在煮黄米饭，离开饭时间尚早，卢生就枕到青瓷枕头上。没想到，卢生头刚着枕，就看见枕头两端的孔窍越变越大，枕头里面明亮如昼，卢生纵身跳了进去，到了一个全新的世界。在这个全新的世界里，卢生娶了清河富户崔家的小姐为妻，家境越来越富足。第二年他又考中了进士，在仕途上一帆风顺，步步高升，从监察御史、同州知府、河南道采访使，一路做到京兆尹、户部尚书、宰相，最后被封为燕国公。虽然仕途险恶、屡经艰险，到底还是位极人臣、光宗耀祖。妻子前后为他生了五个儿子，都和名门望族结了亲，而且也都做了大官；一共有十几个孙子，个个聪明出众。可谓是子孙满堂，福禄齐全。后来，卢生一直活到80多岁才寿终正寝。梦一结束，卢生就醒了。他环顾四周发现，旅馆主人煮的黄米饭还没熟，周围的环境也一切如旧。卢生忽地一下坐起来，自言自语地说："难道刚才是做了一个梦吗？"道士吕翁笑着说："人生的荣华富贵，也不过如此啊！"卢生终于大彻大悟，拜谢而去。

故事中的"黄粱"是大黄米，是粱米中的一个优良品种。因其产量很低，所以一般人吃不到。对于普通人来说，能吃上几顿黄米饭，就算是一生的梦想，因此才有了"黄粱美梦"这一成语。

6.古代的面食

用小麦加工磨成的粉称为"面粉"，用面粉制作的食物统称"面食"。吃面食的习惯大约开始于战国时期，但那时候主要是用石臼、石杵将小麦捣成粉，既费时又费力，所以，当时吃面食的人很少。西汉时石磨的发明，大大提高了粮食加工的效率和质量，为面食品种的出现和丰富创造了良好的条件，吃面食的习惯逐渐在北方普及开来。

早期的面食统称为"饼"。"饼"就是"并"的意思。因为早期的面食都是将面粉加水和成面团后，用两手团在一起，拍成饼状，然后再加工成熟食，因此，凡是用面粉做成的食品统称为"饼"。《释名·释饮食》中就说："饼，并也，溲面使合并也。"从字源上来说，"饼"字最早见于《墨子·耕柱》篇："今有一人于此，羊牛刍豢，饔人衵割而和之，食之不可胜食也，见人之作饼，则还然窃之，曰舍余食。"说明春秋战国时期，就已经有了"饼"这种食品。

因为加工制作的方法不同，古代的饼也有不同的称呼。比如在炉火上烤熟的饼叫"炉饼""烧饼""胡饼"（芝麻烧饼），在笼屉里蒸熟的饼叫"笼饼""蒸饼""面起饼"，在水中煮熟的饼叫"汤饼""水饼"等。但早期的饼都不是发面的，最早的发面食品出现于魏晋时期。发面食品不仅吃起来口感更好，而且更容易被人体消化和吸收，在当时被称为"面起饼"。

笼蒸食品"蒸饼"后来演变为传统的主食——馒头和包子，水煮食品"汤饼"后来演变为传统美食——饺子和馄饨。

7. 馒头的来历

馒头是一种传统的发面食品，来自汉代的蒸饼或面起饼，一开始写作"曼头"，也叫作"馒首"或"蛮首"。最早的文字记载见于西晋束晳的《饼赋》："三春之初，阴阳交际，寒气既消，温不至热，于时享宴，则曼头宜设。"意思是，和煦的阳春三月是最适合吃馒头的时节。

馒头

关于馒头的来历，相传来自诸葛亮用发面包上肉馅做成人头状，以代替人头祭祀神灵的故事。据宋代高承的《事物纪原·酒醴饮食·馒头》条中记载：诸葛亮打算南征孟获，有人报告说："南蛮之地的人多会邪术，必须事先向神灵祈祷，请来阴兵相助，才能兴师出兵。然而，根据蛮人的风俗，必须杀一个活人，用活人的头祭祀神灵，神灵才会派阴兵相助。"诸葛亮不忍用活人的头祭祀神灵，于是，就用面包上猪、羊肉代替人头，去祭祀神灵，神灵享用了祭品，派出阴兵相助。后人由此发明了一种新的面食品——馒头，用发面包上肉馅，在笼屉内蒸熟后食用。《三国演义》第九十一回"祭泸水汉相班师，伐中原武侯上表"中也记载了这个故事，描写更为详细。从资料可以看出，古代所说的馒头，实际是一种裹有肉馅的发面食品，相当于现在的肉包子，一直到清代都是如此。清代潘荣陛的《帝京岁时纪胜·元旦》条中说："汤点则鹅油方补，猪肉馒首，江米糕，黄黍饦。"文中所说的"猪肉馒首"，就是猪肉馅的肉包子。

其实，即便是现在，南方和北方对馒头、包子的指称也不一样。北方称无馅的为馒头，有馅的为包子；而吴语区则不论有馅无馅，一律统称馒头。

值得一提的是，宋代还出现了一种"实心馒头"，是后世圆形馒头的前身。而后世的长方形馒头，则来自古代的蒸饼。

8. 古代的馒头与包子

据《现代汉语词典》解释：馒头是一种面粉发酵后蒸成的食品，一般上圆而下平，没有馅。包子则是一种用菜、肉或糖等做馅，用发面做皮，蒸熟后食用的食品。古代的馒头和包子却不能用这两个概念，因为古代的馒头和包子与现在的馒头与包子并不完全相同。

古代的馒头是一种用面皮包裹肉馅、形状像人头、蒸熟后食用的发面食品，相当于现在的肉包子。古代的包子也是一种裹馅蒸食的发面食品。那么，古代的馒头与包子是同一种食品吗？答案是否定的。

"包子"一词始见于北宋陶谷所写的《清异录》，书中提到五代时汴梁有一"张手美家"食肆，盛夏时节专卖"绿荷包子"。而宋代的几部笔记杂著，比如孟元老的《东京梦华录》、吴自牧的《梦粱录》等书，也都提到了包子。

馒头与包子

令人奇怪的是，在宋代的这些笔记杂著中，"馒头""包子"并提。如南宋吴自牧的《梦粱录》"荤素从食店"条中，就提到四色馒头、细馅大包子、水晶包儿、笋肉包儿等多种"包子"，同时还提到糖肉馒头、羊肉馒头、笋丝馒头、鱼肉馒头、蟹肉馒头等各类"馒头"。显然这是两种不同的裹馅食品。

那么，宋代的"包子"和"馒头"到底有什么区别呢？依笔者愚见，包子和馒头的区别大概是形状上的不同。简单说来，打折封口处在顶部的是包子，打折封口处在底部的是馒头。换种说法，包子顶部有折，馒头顶部圆滑。这同时也说明了"实心馒头"就是现在圆形馒头的前身。

9. 馒头上的红点（朱砂点）

生活中我们常会看到，白白的馒头顶上点着一个鲜艳的红点。或许有些人认为这只是为了喜庆或好看，其实不然。在馒头上点红点，其实是许多地方的风俗，来自"饿鬼抢食"的传说。

传说洞庭山一带有很多饿死鬼，到处偷吃百姓家的食物。有一天，一户人家蒸了一笼馒头，馒头蒸熟后刚揭开锅盖，很快瘪了

有红点的馒头

下去，还能听到"唧唧"的声音，碗口大的馒头很快就缩成核桃大小，吃起来干巴巴的，既不像发面食品那样松软，也没有馒头的麦香味。大家都觉得奇怪，却不知道是怎么回事。后来，有一位老人对村里人说："刚蒸好的馒头一掀锅就瘪下去，是因为饿鬼偷食的缘故。被饿鬼偷食过的馒头自然就变得发硬、没有香味了。只要在掀开锅盖的时候，赶紧用朱砂笔在馒头上点上一个红点，鬼怕朱砂，不敢偷食点了朱砂点的馒头。"从此以后，当地人总是在刚出锅的馒

头上点上一个红点。久而久之，便成了一种风俗。

时至今日，逢年过节、嫁娶做寿，人们依旧喜欢在馒头上点一个红点，或在馒头上扣一个红色的"囍""寿"印章。其实，这种做法早已脱离了最初防止饿鬼抢食的目的，只是代表了人们的一种红红火火的美好愿望而已。

10. 武大郎卖的炊饼是一种什么食品

我们都知道梁山好汉武松有一个哥哥叫武大郎，武大郎靠卖炊饼为生。那么，武大郎卖的炊饼是一种什么食品呢？

究其来源，炊饼其实就是汉代出现的蒸饼。蒸饼是汉代出现的一种放在笼屉里蒸熟食用的面制品，也叫"笼饼"。早期的蒸饼是死面的；魏晋时期出现了发面，人们仍然将面饼放在笼屉里蒸熟食用，并且沿用了"蒸饼"这一名称，为了与死面的蒸饼区别，也叫"面起饼"。所谓"面起饼"，就是"入酵面中，令松松然也"（见宋代程大昌《演繁录》）。但后人一直沿用"蒸饼"这一称呼。唐代张鷟的《朝野佥载》卷四记载，北周时期有一位叫张衡的御史大夫，因为在退朝的路上买蒸饼吃被御史弹劾。

宋代一开始仍然沿用"蒸饼"这一称呼；到了仁宗朝，因为宋仁宗赵祯名字中的"祯"字与"蒸"字音近，宫中的太监、宫女怕说错话犯了忌讳，就管"蒸饼"叫"炊饼"，随后流行全国。武大郎是宋朝人，所以，他卖的蒸饼也只能叫"炊饼"了。

如前所述，炊饼是一种放在笼屉里蒸熟食用的面制品，卖的时候通常要切成长方形的小块出售，所以又称"玉砖"。宋代陈达叟的《本心斋疏食谱》中说："玉砖，炊饼方切，椒盐掺之。"是说将炊饼切成方块状，上面再撒上椒盐食用。北宋诗人杨万里的《食炊饼作》也说："何家笼饼须十字，萧家炊饼须四破。老夫饥来不可那，只要鹘仑吞一个。"诗中的"何家笼饼"是指上面印有十字状花纹的蒸饼，类似于后世的开花馒头；"萧家炊饼"就是切成四块的蒸饼。

因此，严格来说，武大郎卖的炊饼，类似于现在的方形馒头，民间俗称"卷子";而现在的圆形馒头则来自宋代的"实心馒头"。值得一提的是,现在许多商场里卖的"武大郎炊饼",其实是芝麻烧饼。

11. 汤饼与面条

汤饼是古代的一种"汤煮的面食"。有的书干脆将汤饼解释为面条,比如《全本新注聊斋志异·狐惩淫》篇末注释:"汤饼,汤煮的面食,今俗称'面条'一类食物。"同书《丐仙》篇末注释:"汤饼,汤煮的面食,面条。"其实,古代的汤饼并不能等同于现在的面条,只能说,古代的汤饼是现在面条的前身。

如前所述,古代的面制品统称为"饼"。所以,在水里面煮熟食用的饼便被称为"汤饼",又称"水饼""煮饼"或"水引饼"等,最早出现于汉代。但汉代的汤饼并不是"面条"状,而是"面片"状,通常是用手从面团上揪下一块面,用拇指压扁后丢入锅中煮食,形状类似于现在的"面箕子",且形状并不规则统一。在其后的发展过程中,汤饼的形状和制作方法出现了分流。一种情况是将面块越拉越长,后来变成了"索面",也就是现在的面条;另一种情况是将面块越压越薄,再在里面裹上馅,变成了后世的馄饨和水饺。这里只介绍第一种情况。

晋代称汤饼为"饦",因一手托面、一手往锅里撕面片,故称"饦",也叫"馎饦"。"馎"是"薄"的意思,"饦"乃取其"手托"之义而加"食"旁。北魏贾思勰的《齐民要术·饼法》就具体介绍:"馎饦,挼如大指许,二寸一断,着水盆中浸。宜以手向盆旁挼使极薄,皆急火逐沸熟煮。非直光白可爱,亦自滑美殊常。"可以看出,魏晋南北朝时期,汤饼的形状和制作方法仍与汉代近似。西晋束晰的《饼赋》中曾说:"玄冬猛寒,清晨之会,涕冻鼻中,霜成口外。充虚解战,汤饼为最。"说明当时的汤饼是冬天御寒取暖的最佳食品。《世说新语》中也记载了一则有关汤饼的小故事:何晏仪容秀美,面色皎洁,魏明帝怀疑他擦了粉,于是在盛夏之际拿热汤饼给何晏吃,何晏吃完后大汗淋漓，就拿出手绢擦汗，擦干脸之后，面色反而比以前更加皎洁。这则故事说明，汤饼在当时已经是一种较为普遍的食品。

从唐代开始，汤饼不再用手托面撕拽，而是改用面板、刀、杖等物来擀面切片，因又改称为"不托"，后世多写作"馎饦"，但"汤饼"一词仍然使用。比如现在过生日吃的"长寿面"，唐代就叫"生日汤饼"。宋代，汤饼的制作方法和形状再次改变，出现了切成细条的汤饼，叫"索面"或"湿面"，也称"汤面"，形状已经与现在的面条一样。但"汤饼""馎饦"等词仍然使用。北宋欧阳修的《归田录》卷二中就说过："汤饼，唐人谓之'不托'，今俗谓之馎饦矣。"

元代，又出现了将面条制成后悬挂晾干的干面条，称为"挂面"。《水浒传》中就有"些少挂面，几包京枣"的描写。此后便一直传承至今。清代俞正燮的《癸巳存稿》"面条子"条中也说："面条子，曰切面，曰拉面，曰索面，曰挂面。"

可见，古代的汤饼形状各异，制作方法也不同，并非专指现在细细长长的面条。现在的面条，只是古代汤饼传承过程中的一条"支流"而已。

12. 饺子与馄饨

饺子和馄饨都是深受国人喜爱的传统水煮食品，都来源于古代的水煮食品汤饼。

根据文献记载，饺子最早出现于汉代，原名"娇耳"，传说是东汉医圣张仲景发明的。据记载，东汉末年，各地灾害严重，很多人身患疾病。南阳有个名医叫张仲景，不仅医术高明，而且医德高尚。他见很多穷苦百姓忍饥受寒，耳朵都冻烂了，心里非常难受，下决心救治他们。他在南阳东关的一块空地上搭起医棚，架起大锅，在冬至那天开张，向穷人舍药治伤。张仲景施舍的药叫"祛寒娇耳汤"，其做法是，将羊肉、辣椒和一些祛寒药材切碎后，用面皮包成耳朵状的"娇耳"，再放进锅里煮熟，然后分给乞药的病人。每人两只娇耳，一碗汤。人们吃下娇耳汤后浑身发热，血液通畅，两耳变暖，没几天病人耳朵上的冻疮就好了。后来，这种裹馅的水煮食品便开始在民间流传，"娇耳"也变成了"娇饵"。

实际上，早期的饺子和馄饨并没有明显的区别，食用方法完全一样，都是连汤带水一起吃。明代张自烈撰的字书《正字通·食部》就解释说："今俗饺饵，屑米面和饴为之，干湿大小不一。水饺饵即段成式食品'汤中牢丸'。或谓之'粉角'。北人读'角'如'矫'，因呼'饺饵'。讹为'饺儿'。"三国时期有一种"月牙馄饨"，记载于《广雅》一书中。南北朝时有一种"形如偃月"的馄饨，并成为"天下通食"，食用方法与现在相同。唐代又有了一种"偃月形馄饨"，食用方法与今天吃饺子相同。从此以后，才有了"先吃饺子后喝汤""原汤化原食"的吃饺子的方法，和"连汤带水一块吃"的吃馄饨的方法。宋代又有"角儿"，当为后世"饺子"一词的词源。清代开始，才有了"饺子"一词。徐珂的《清稗类钞·饮食·京师食品》中就说，破五节，"旧例食水饺子五日，曰煮饽饽"。

从此以后，南馄饨、北饺子并行于天下，成为国人最喜爱的食物之一。

九 蔬菜与菜肴

1. 汉代的五菜

先民在搜寻根茎花叶的过程中，筛选出一批可食的植物，这些可以食用的草本植物统称蔬菜，在我国的饮食结构中具有举足轻重的地位。蔬菜能补充人体所需的维生素、矿物元素和膳食纤维，古代就非常重视"菜"，例如史书上常见的"饥馑"一词，其中"饥"是指没饭吃，而"馑"则是指没菜吃。《说文解字》中讲道："谷不熟为饥……蔬不熟曰馑。"

在人类社会伊始，蔬菜的种类并不丰富。就汉代而言，主要的蔬菜只有"五菜"——葵、藿（huò）、薤（xiè）、葱、韭。

葵，即冬葵，也叫葵菜、冬寒菜，今称冬苋菜，茎叶可作蔬菜。葵是我国古代重要蔬菜之一。在北魏贾思勰的《齐民要术》中，将"种葵"列为蔬类第一篇，并详细介绍了栽培的方法；元代王祯的《农书》称葵为"百菜之主"。现在江西、湖南、四川等地仍栽培葵，但已远不如古代重要。

藿，是大豆的嫩叶，在古代是百姓重要的食物资源。正如《战国策》中张仪所说："五谷所生，非麦而豆；民之所食，大抵豆饭藿羹。"但现在藿已不再被人当菜吃，只用来喂畜牲。

薤，俗称藠（jiào）头，叶似韭菜而狭窄，地下有鳞茎，似大蒜而小，嫩叶与鳞茎均可作蔬菜。中医将其干燥的鳞茎入药，叫薤白，主治胸痹心痛、泻痢等症。现在广西、湖南、贵州、四川等仍然栽培薤，一般将其鳞茎加工制成酱菜，类似于北方的糖蒜。

葱，现在统称为大葱，其叶、茎、假茎（俗称"葱白"）均可食用。葱的种植历史很长，种类也多。贾思勰《齐民要术》中记载："葱有冬春二种，有胡葱、木葱、山葱。二月别小葱，六月别大葱。夏葱曰小，冬葱曰大。"葱现在仍很普遍，但主要是作为一种调味品或作料，已不再作为菜肴的主料。当然，小葱拌豆腐、大葱炒鸡蛋也是两道人们爱吃的传统名菜。

韭，即韭菜，叶可供食用。韭菜是我国的原产蔬菜，至今已有3000多年的栽种历史。汉代就已经有韭黄，唐宋时期吃韭黄已经相当普遍。唐代诗人杜甫曾有诗曰："夜雨剪春韭，新炊间黄粱。"宋代苏轼有一首诗："渐觉东风料峭寒，青蒿黄韭试春盘。"此外，韭菜、韭菜子还具有较强的药用价值。

后世也将"五菜"用作蔬菜的泛指，统称一切蔬菜。

2. 荤菜

荤有两个意义。其本义指具有辛辣气味的菜，如葱、蒜、韭、薤之类。《说文解字》中说："荤，臭菜也。"指食后气味较大的菜。道家有五荤之说，即韭、蒜、芸薹、胡荽（suī）、薤。五荤之确指亦如五谷，多有不同，后来通常是指葱、蒜、韭、薤（藠头）和兴渠（洋葱）。

荤的第二个意义与"素"相对，指鸡、鸭、鱼、肉等食物。中国僧人不吃肉的饮食习俗始于梁武帝的《断酒肉文》："白衣食肉，不免地狱。"白衣指僧人，僧人食肉会下地狱。此后，佛家遂视肉为"荤"，禁食肉类被列入佛家戒律。

3. "采葑采菲"

《诗经》中提到了100多种植物，可做菜者只有二十几种，比如《邶风·谷风》篇"采葑（fēng）采菲，无以下体"一句就提到了两种蔬菜。

葑是蔓菁的古称，又名"芜菁"，俗称"大头菜"。蔓菁是一种与萝卜差不多的根茎类蔬菜，但蔓菁不能生吃，现在通常用来腌制酱菜，是一种类似于辣疙瘩的蔬菜。

菲是萝卜的古称，又名"萝蔔""莱菔（fú）""荠根""地酥"等。我国自古普遍栽培萝卜，其地上茎叶与地下鳞茎均可食用，并具有很高的药用价值。其籽实更可入药，叫即莱菔子。民间有"十月萝卜小人参""上床萝卜下床姜，不用医生开药方"等谚语，说明了人们对这一蔬菜的喜爱。欧美也有萝卜，大都是小型的四季种，在利用价值上远远比不上中国萝卜，后来也传入中国，称"胡萝卜"。

由于葑（蔓菁）和菲（萝卜）相似，故《诗经》将两者并称。后世常以"葑菲"表示尚有一德可取的意思。

4. 引进的蔬菜品种

我国从国外引进了许多蔬菜，有些从字面意思即可辨识，像洋葱、洋白菜、胡桃（核桃）、胡萝卜、胡豆、番茄等。

汉代是中国饮食文化的丰富时期，归功于汉代中西（西域）饮食文化的交流，那时从国外引进的蔬菜有石榴、葡萄、西瓜、甜瓜、茴香、芹菜、苜蓿（主要用于马粮）、大葱、大蒜等。

魏晋、唐宋时期，我国又陆续从国外引进了一些蔬菜品种。如原产自印度和泰国的茄子，唐代从新罗（朝鲜古国名）传入了一种白茄。有人曾送给黄庭坚几个白茄，黄庭坚觉得很新鲜，并以诗答谢："君家水茄白银色，殊胜坝里紫彭亨。""水茄"即新罗白茄，"紫彭亨"即从印度传入的紫茄子。黄瓜，原产于印度，传入中国的时间比茄子略晚，初名"胡瓜"，至唐代始改称黄瓜。菠菜，唐贞观二十一年（647年）由尼泊罗国（今尼泊尔）传入我国，始称"菠棱菜"，后简称菠菜。苏轼诗中所谓的"雪底菠棱如铁甲……霜叶露芽寒更苗"，说的就是耐寒的菠菜。

元、明、清以来，又有一些蔬菜新品种陆续传入我国。元代，原产于北欧的胡萝卜由波斯传入中国；明末清初，原产于美洲的辣椒传入中国；18世纪初，西红柿（古称蕃柿）从西欧传入中国。相传西红柿最早生长在南美洲，因色彩娇艳，人们对它十分警惕，视为"狐狸的果实"，又称狼桃，只供观赏，不敢品尝；一直到19世纪中叶，才开始作为蔬菜栽培。

随着蔬菜的传入、引进，我国的食物品种越来越丰富，并且能自行培育出一些蔬菜新品种。

5. "饮食文化"中的"饮"

在饮食文化中，"食"指的是食物，简而言之就是吃的东西。所以食文化应该是关于吃的文化，包括各类面食、菜肴的烹饪文化等。而"饮"则指的是饮料，即喝的东西。"饮"的文化应该是关于喝的文化，包括酒、茶、咖啡、汤的文化等。在食物发展、丰富的同时，饮料同样也在发展和丰富着。

最普通的饮料就是水，但古代的水一般指凉水、生水，热水、开水则称"汤"。《孟子》中就说："冬日则饮汤，夏日则饮水。"而后世统称添加了米、面、肉、菜等食物后熬煮的汁液为汤，比如米汤、面（条）汤、饺子汤、肉汤、菜汤等。此外，《孟子》中有"箪食壶浆以迎王师"的句子，浆也是古代一种饮料，由粮食酿制而成，微带酸味。

除水、汤、浆外，中国饮料中最具代表性的就是酒和茶，这两种饮料在中国饮食文化结构中具有非常重要的地位。最早的酒是自然发酵的果酒。到了商代，谷物造酒已很普遍，并且饮酒的风气极盛。秦汉以后，随着制曲技术的发展，造酒技术也得到进一步发展，酒的品种越来越多，并逐渐形成了中国的酒文化。中国的茶文化亦由来已久，但最初茶只是被作为一种药材，而非饮品。传说神农氏尝百草，一日中七十毒，都是靠茶来解毒。后来，随着古人对茶性的深入研究，逐渐将茶从药材中分离出来，将其作为一种烹煮或泡制的清热解渴的饮料。

6. 中国人的进步工具——筷子

有了饮食，就得有一定的进食方法。人们最初的进食方法是"以

箸

手奉饭"，也就是用手抓或用手撕。至于筷、叉、刀、匙等，出现的时间较晚。其中，筷子是最能代表中国文化特色的进食工具，至今已有数千年的历史。

筷子，古代称为"箸"，起源很早。据考证，在原始社会时期，古人类已经懂得用树枝、竹棍来插取或夹取食物。在距今三四千年前的商代，出现了象牙箸和玉箸。春秋战国时期，又出现了铜筷和铁筷。汉、魏时期，出现了漆筷。稍后，又出现了银筷和金筷。

筷子虽出现的时期早，但在先秦时期的用处并不重要。周代进餐的主要用具是"酌浆而饮之"的勺和用以"载食"的匕；虽然也有"挟食"的箸，但并不是进餐的必备用具。《曲礼》中记载，"饭黍，毋以箸"，"羹之有菜者用筯（zhù，同"箸"），无菜者不用筯"。从中可以看出，在周代古人还不太重视箸，在吃粒食时是不用筷子的，汤羹中有菜才用筷子，没有菜则不用筷子。直至汉、魏以后，箸才成了日常进餐必不可少的餐具。《汉书·周亚夫传》记载："上居禁中，召亚夫赐食，独置大胾（zì，切成大块的肉），无切肉，又不置箸。亚夫心不平，顾谓尚席取箸。"皇帝赐给周亚夫肉食，但是没有切开，又没有准备筷子。周亚夫心中不高兴，回过头来吩咐主管筵席的官员取筷子。由此事可知，箸在进餐中的作用已十分重要。

就餐时用筷子更方便，无论菜食是条是块，是丝是片，是丁是段，用筷子或夹或挑或拈或拨，都可以。

7. 藿食者与肉食者

现在人们往往将菜肴二字并称，从字面上来看，菜即蔬菜，主要是指素菜；而肴，则指鱼、肉类荤菜。但在古代，人们的生活水平低下，普遍食菜，古文献中有诸多这方面的记载。《诗经·豳风·七月》反映了下层劳动人民一年四季的生活："六月食郁及薁（yù，郁李），七月亨葵及菽。八月剥枣，十月获稻。为此春酒，以介眉寿。七月食瓜，八月断壶（葫芦），九月叔苴（jū，收拾青麻），采荼（tú，苦菜）薪樗（chū，臭椿）。食我农夫。"《战国策》言："五谷所生，非麦而豆；民之所食，大抵豆饭藿羹。"藿就是大豆的嫩叶，在古代是中原地区老百姓食用的主要蔬菜。

人们的牛马用于耕地，吝于宰杀，所以百姓只有在特殊情况下才能吃到肉。《孟子》中描绘的"仁政"蓝图是"鸡豚狗彘之畜，无失其时，七十者可以食肉矣"。70岁的老人可以吃肉，可见平民百姓与肉无缘，只有贵族才能够经常享用到肉食。如《左传》记载，襄公的日常饮食是一天两只鸡，"公膳，日双鸡"，朝廷供给卿大夫的伙食是一天两只鸡。

所以，古代往往以"藿食者"作为平民的代称，而以"肉食者"代指公卿士大夫及贵族统治者。

8. 杀鸡为黍

古代的肉食资源并不丰富，但古人极重待客之道。客人到来，必须拿出像样的饭菜，最高规格就是杀鸡为黍。如《论语》中的隐者"止子路宿，杀鸡为黍而食之"；《桃花源记》中桃花源中的村民"设酒杀鸡作食"，来招待武陵渔人。这已是普通百姓招待客人最好的饭食，杀鸡为黍便是殷勤款待宾客的意思。

有一个与此相关的历史故事——"范张鸡黍"，《后汉书·范式传》、儿童识字课本《蒙求》以及元杂剧作家宫天挺的《死生交范张鸡黍》均记载了这个故事。东汉时期，山阳金乡的范式与汝南张劭是洛阳太学里的同窗，关系特别好，结为生死之交。范式跋涉千里赴张劭家登堂拜母，让张劭感动不已，张家以鸡黍相待。约定来年张劭去山阳范式家，同样以鸡黍相待。不料，张劭不久即病故，托梦告知范式他的死讯和下葬日期。范式千里迢迢，赶至张家，为张劭主丧下葬，并为之守墓百日。

9. 满汉全席

满汉全席是我国历史上著名的筵席之一，也是清代最高级别的国宴，代表着中国饮食的顶峰。

满汉全席创始于康熙年间，原为康熙66岁大寿的宴席，集合了满族和汉族饮食。相传康熙在皇宫内首次品尝，并御书"满汉全席"，因此使满汉全席名噪一时，后世沿袭这一传统，极为奢华。

满汉全席由满点和汉菜组成。主宴为汉菜，菜肴总数为108件，其中南菜54件，北菜54件，点菜不在其中，随点随加。满汉全席的副食是满洲饽饽（即点心），计大小花色品种44道，一席使用面粉44斤8两，可见满汉全席的规模之大。满汉全席具体又分为元旦宴、满族大宴、廷臣宴、千叟宴、万寿宴、九白宴等名目。元旦宴是节令宴的一种，在元旦举行；满族大宴是皇帝为招待与皇室联姻的蒙古亲族所设的御宴；廷臣宴在每年的正月十六举行，由皇帝钦点大学士及九卿中有功者参加，借以笼络朝臣；千叟宴是为表示对老人的关怀与敬重而举办的宴会。

满汉全席又有宫内和宫外之别，礼制方面的规定非常细致。宫内的满汉全席专供天子、皇叔、皇兄、皇太后、妃子、贵人等享用，近

《万树园赐宴图》

亲皇族子嗣、功臣（汉族只限二品以上官员和皇帝心腹）才有资格参加宫内朝廷的满汉全席。宫外满汉全席，常常是满族一、二品官员主持科考和地方会议时享用，大臣入席时要按品次，佩戴朝珠、穿公服入席。

10. 各地菜系

俗话说："一方水土养一方人。"在长期的生活中，逐渐形成了各具地方特色的饮食体系。我国有诸多菜系，呈现着迥然不同的烹饪技艺和风味。早在春秋战国时期，中国汉族饮食文化中的南北菜肴风味就表现出差异。到了秦汉，饮食风味具有明显的地方特色，北方重咸鲜，蜀地好辛香，荆吴喜甜酸，后来逐渐形成"南甜、北咸、东辣、西酸"的格局；唐宋时期，南食、北食各自形成体系；到清代初期，川菜、鲁菜、粤菜、淮扬菜，成为当时最有影响力的地方菜，被称作"四大菜系"；到清末，浙菜、闽菜、湘菜、徽菜四大新地方菜系分化形成，共同构成中国汉族饮食的"八大菜系"——"川鲁粤淮扬，闽浙湘本帮"。以四大菜系为例：

川菜，即四川菜。以小煎、小炒、干烧、干煸（biān，烹饪方法，把菜肴放在热油里炒到半熟，再加作料烹熟）见长，以味多、味广、味厚著称，且有"一菜一格，百菜百味"之美誉。调味多用三椒，即辣椒、胡椒、花椒，故味重麻、辣、酸、香。以成都风味为正宗，包含重庆菜、东山菜、自贡菜等。

鲁菜是山东菜的总称，以济南菜、胶东菜、孔府菜三种类型为代表。汉唐时，鲁菜成为"北菜"的主角。以济南菜为例，济南菜具有鲁西地方风味，以清、鲜、脆、嫩著称，擅长爆、炒、炸、烧，特别讲究清汤和奶汤的调剂。济南菜中的名菜"奶汤蒲菜"，以大明湖所产的蒲菜为原料，精心调制而成；"糖醋黄河鲤鱼"是用黄河中的鲤鱼为原料做成的，颇具地方特色。

粤菜，即广东菜，最早源于西汉时期，以用料广泛著称。南宋时期的《岭南代答》记载，越人"不问鸟兽虫蛇，无不食之"。广东人吃蛇的习惯可谓源远流长，现在的广东菜仍以蛇餐（或称蛇菜）著称，其中的名菜便是享誉已久的"龙虎斗"。"龙虎斗"最早出自"烹黄鳝田鸡"，又称"豹狸烩三蛇"，一只野猫（豹狸）和灰鼠蛇、眼镜蛇、金环蛇三条蛇，分别经过氽、爆、炒、炖、煨等工序，加入20余种配料烹制而成。

　　淮扬菜以扬州为中心，始于春秋，兴于隋唐，盛于明清，素有"东南第一佳味，天下之至美"的美誉。淮扬菜选料严谨、因材施艺，制作精细、风格雅丽，追求本味、清鲜平和。淮扬菜十分讲究刀工，尤以瓜雕享誉四方；在烹饪上则善用火候，讲究火功，擅长炖、焖、煨、焐、蒸、烧、炒；原料多以水产为主，注重鲜活，口味平和，清鲜而略带甜味。著名菜肴有扬州炒饭、清炖蟹粉狮子头、大煮干丝、三套鸭、软兜长鱼、水晶肴肉等。

仿膳

　　20世纪70年代以后，又出现了"五大菜系""十大菜系""十二大菜系"等，每个菜系下还有许多分支，中国菜系之多、风味流派之众令人目不暇接。无疑，正是这些多姿多彩的风味菜肴才赢得了"食在中国"的美誉。

11. 宴席礼仪

《礼记》记载："夫礼之初，始诸饮食。"中国自古以来就是一个礼仪之邦，这种"文明礼仪"表现在饮食活动中的行为规范上，便是诸多的宴席礼仪。

中国人非常讲究长幼有序，这种礼仪规范应用到聚餐宴席上，便形成了关于宴席座次的传统礼仪。据资料记载：古代宴席以坐西面东为尊位，坐北面南次之，坐南面北又次之，坐东面西为下座。比如《鸿门宴》上的座次是："项王、项伯东向坐，亚夫南向坐，亚夫者，范增也；沛公北向坐，张良西向侍。"就是说，项羽和项伯面向东坐，是最尊位；范增是项羽的"亚父"，地位亦尊贵，故面向南坐；刘邦虽是客，但与项羽实力相差悬殊，所以面向北坐，张良面向西侍奉、陪席。到了现代，日常生活中稍微正规一些的场合，酒席上的座次仍然有严格的要求。如最普遍的圆桌宴席：一般面门而坐的位置是主陪位，主陪位的右面是主宾位，左边是副主宾位，对面则是副主陪位；副陪位的左边是三宾位，右边是四宾位。

宴饮图

中国人对上菜的顺序和摆菜的位置也很讲究。古代的宴席是先上饭后上酒，吃饭的时候都不喝酒，饭后才喝酒。不知从何时起，宴席的顺序变成了先酒后饭。经过漫长的历史演变，逐渐形成了酒→冷盘→热菜（主菜）→点心（饭）→水果的上菜顺序，并一直流传至今。单就菜肴的出菜顺序而言，一般遵循先冷后热、先淡后浓、先干后汤的上菜原则。热菜是宴席上的主菜，通常以偶数为计，少者4道、6道或8道菜，多者达16道或32道菜，最丰盛的满汉全席多达108道菜。最后一道菜通常是汤菜，汤菜上席，就表示菜齐了。

端上席的菜肴摆放在宴席的什么位置，也是非常讲究的。《礼记》中明确记载了古代上菜置食的总体次序："凡进食之礼，右肴左胾（zì，大块的肉）；食居人之左，羹居人之右；脍炙处外，醯（xī，醋）酱处内。"用现在的话来说，就是大凡上菜的礼节，炒菜（指小块的鱼肉）放在右边，煮熟的大块肉放在左边；干菜放在左边，汤菜放在右边；切块和烧烤的鱼肉放在远处，醋、酱等调味品放在近处。现在宴席上的置菜位置虽然与古代不同，但仍有传承。比如：新上的菜都要放在靠近主陪或主宾的位置；上整鸡、整鸭、整鱼时，一般将头部冲着主陪或主宾，以示尊敬等。

在中国，宴席礼仪蕴含着一种内在的伦理精神，贯穿于饮食活动的全过程，对人们的道德、行为规范具有深刻的影响。

12. 中国的饮食与营养

有人认为，西方的饮食讲究科学性，重视营养和卫生，用料纯正，西方厨师的烹调必须严格按照操作规程来进行。同时，牛排加土豆的搭配，也使得西方的饮食更重视食品结构的合理性。中国的菜肴则不一样，中国人追求味觉美，只要味道好，常常觉得有无营养价值无所谓。中国人用料随意，将西方人抛弃不吃的凤爪、鸭蹼、熊掌等东西视为珍馐，饮食制作表现出的随意性与科学、现代化不相吻合。

实际上，中国菜讲究味道并不等于不重视营养、不讲究科学，中国的饮食是非常重视营养的。只是那时尚无"营养"一词，而是以饮食养生代之，中国传统的饮食结构讲究"五谷为养、五果为助、五畜为益、五菜为充"。同时，中国的饮食很早就与中医结下了密切的关系，中医讲"医食同源"，认为"药补不如食补"。利用食物的药用价值，我们可以把它做成美味的食物，达到对疾病的防御和治疗的效果。例如：莲子红枣粥可以养胃健脾，防治缺铁性贫血，还具有养心安神的功效；白萝卜熬汤可以止咳；姜汤具有驱寒、防感冒的作用。秦汉之交的《黄帝内经》论述"五味调和"，认为五味入五脏，调和适当能滋养五脏，反之则会损害五脏。因此，提倡饮食不应偏嗜，要崇尚清淡而五味调和，这是饮食养生中的重要内容。到了现代，随着生活水平的提高，西方现代营养学传入我国，与传统的食治养生学说交融，人们更加注重饮食营养和安全，在吃饱的基础上逐渐要求吃好、吃得营养、吃得健康。

13. 吃菜与品菜

随着饮食文化的不断发展，人类在满足最基本的果腹需求后，对食物的质地、味道、色泽、形态等的认识也不断提高，饮食中融入了审美意识。而中国菜肴花色之多、菜式之众、制作之繁，是世界上任何一个国家都望尘莫及的。从某种意义上讲，中国人是在"品菜"，而非仅仅是"吃菜"。

品菜，一品味道。民谚有云："民以食为天，食以味为先。"中国的饮食，不是吃食物，而是吃滋味。某些食物仅仅成了味道的载体，比如凤爪，人们欣赏的只是一种味蕾的感觉。俗话所说的"少吃多香""品茶品酒"，都是这种传统饮食文化的表现。

二品意境。吃中国菜不仅能在口味上得到满足，而且在视觉上也是一种享受。饮食品赏的过程渗透着艺术的因子，对美的欣赏贯穿于饮食活动的全过程，追求造型与色彩的完美。就像中国古代的一个名厨，只用两个鸡蛋，就可以做出"两只黄鹂鸣翠柳""一行白鹭上青天""窗含西岭千秋雪""门泊东吴万里船"四道雅菜，早已超越了"吃菜"，而是在"品菜"中去创造美，以达到"观之者动容，味之者动情"的艺术境地。

三品意蕴，从菜肴中领略一种文化。比如色泽鲜亮、肥而不腻的东坡肉，在中国菜肴里一直饱受赞誉，其背后还有一个故事。据记载，苏轼在担任徐州知州时，遇到黄河决口，身先士卒，和全城百姓筑堤保卫家园。功成之后，徐州人民杀猪宰羊，去苏府上慰劳苏轼。苏轼推辞不掉，便指点家人烧制成红烧肉回馈给百姓。百姓吃后，都觉得醇香味美，亲切地称之为"东坡肉"。这样看来，东坡肉不仅是一道佳肴，而且包含着苏轼敬民爱民的事迹。吃饭在某种意义上的确是一种更深广的文化享受。

14. 中国饮食的艺术化倾向

中国的菜肴特别讲究五味调和，在一种和谐、中庸、不可捉摸的传统思维的影响下，追求一种美好的味觉享受。除了味道的调和之外，还通过种种方法使菜肴生熟相衬、浓淡相宜、色彩鲜明、食器和谐。比如清代的大文学家袁枚，还是一个著名的美食家。他曾说，"凡一物烹成，必需辅佐，要使清者配清，浓者配浓，柔者配柔，刚者配刚，才有和合之妙"，"宜碗者碗，宜盘者盘，宜大者大，宜小者小，参错其间，方觉生色"，"大抵物贵者器宜大，物贱者器宜小，煎炒宜盘，汤羹宜碗；煎炒宜铁铜，煨煮宜砂罐"。讲究食物与食物、食物与食器的搭配。色、香、味、器、形融为一体，是中国饮食的艺术精髓所在。

就饮食制作方式而言，西方饮食趋于机械化，最后成为一种严格按照操作规程来制作的工序；而中国饮食讲究制作的技巧和趣味。街上卖烧饼的师傅在擀面的时候，喜欢用擀面杖有节奏地敲打案板；厨师在炒菜的时候，左手执锅、右手掌勺，并且不时地用马勺敲打锅边，很注意烹炒的节奏感；拉面的师傅总是将手中的拉面在面板上摔出响声……这些"加花"，大多不会给烹调工作带来什么便利，却增加了劳动者的工作趣味；从而愈发使中国人在吃的文化上推陈出新，将日常生活审美化、艺术化。

十 酒文化

1. 酒的源起

中国是酒的王国，酒已有5000年的历史了；然饮酒之风，历经数千年而不衰。其实，中国古代本无酒，以水当酒用于祭祀天地鬼神，被称为玄酒，或称明水。在古代，往往将酿酒的起源归于某人的发明，史料中主要有以下几种说法：上天造酒说、猿猴造酒说、仪狄造酒说、杜康造酒说。

上天造酒说。酒是天上的酒星所造，"诗仙"李白有诗云"天若不爱酒，酒星不在天"。然而，上天造酒说本无科学依据，仅仅是我们祖先丰富想象力的写照。

猿猴造酒说。猿猴是十分机敏的动物，人们常利用猿猴嗜酒的弱点捕捉它们。在我国的许多典籍中还有猿猴造酒的记载，如明代文人李日华在他的著述中提到："黄山多猿猱，春夏采杂花果于石洼中，酝酿成酒，香气溢发，闻娄百步。"但猿猴造酒是本能还是有意识的生产活动，至今是一个未解之谜。

仪狄造酒说。汉代刘向《战国策》记载："昔者，帝女令仪狄作酒而美，进之禹。"关于仪狄的身份、职业、生卒年，至今不明，仪狄造酒是否事实，也有待进一步考证。

杜康造酒说是民间最为流行的说法。历史上杜康倒是确有其人，杜康是陕北高原白水县人。他将未吃完的剩饭放在桑园的树洞里，剩饭在洞中发酵后，有芳香的气味传出，这就是酒的做法，现在白水县还有杜康造酒遗址。

其实，从现代科学的角度而言，原始人采集的野果或剩饭中的淀粉，可在微生物所分泌的酶的作用下，转变成酒精，随之会散发出浓郁的香味。最初的酒是自然界的一种天然产物，人们无意中尝到水果或谷物自然发酵而成的酒，很是喜爱，于是模仿着做了起来。所以，准确地说，人类不是发明了酒，仅仅是发现了酒。所谓仪狄、杜康等人，可能是上古时代发现酒的人。

2."酒池肉林"的故事

酒池肉林的故事来源于《史记·殷本纪》。书中记载，商纣王"大聚乐戏于沙丘，以酒为池，悬肉为林，使男女裸相逐其间，为长夜之饮"。商纣王暴虐无道，沉湎酒色，宠爱美女妲己。他采纳妲己的建议，让人将池子里填满酒，在树干上悬挂肉干，男女光着身子相互追逐嬉戏。自己通宵饮酒作乐，过着荒淫糜烂的生活，美其名曰"醉乐"，致使国库空虚、民怨四起。商王朝很快被西周取而代之，商纣王本人也落得个自焚的下场。"酒池肉林"作为一个成语，被用来形容荒淫腐化、极端奢侈的放荡生活。

山西皮影 纣王宠妲己

从文化史的角度来说，商代，谷物造酒已十分普遍，并且饮酒的风气极盛。从各地出土的大量商代饮酒器、贮酒器，以及专门制作酒器的"长勺氏""尾勺氏"两个氏族来看，"酒池肉林"是可信的。

鉴于历史教训，历代统治者都会推行禁酒政策，以避免重蹈商纣王沉湎于酒、废弛朝纲以致亡国的覆辙。

3. 古代的酒器

饮酒离不开酒器。酒器，主要指贮酒、盛酒、温酒、饮酒过程中所使用的各种器具。酒器随着酒文化的发生而产生，随着酒文化的发展而发展，经历了从无到有、从共用到专一、从粗糙到精致的过程。自古至今，我国曾出现过种类繁多、形状多样的酒器。

关于最早的专用酒器起源于何时，目前难以定论。因为早期的器具通常是一器多用，既可以吃饭，也可以饮酒。龙山文化时期，酒器的类型开始增加，用途也逐渐明确，主要有罐、瓮、盂（yú）、碗、杯等。并且式样丰富、种类繁多，仅酒杯来说，就有平底杯、圈足杯、高圈足杯、高柄杯、斜壁杯、曲腹杯、觚（gū）形杯等。

在商代，由于酿酒业的发达，青铜器制作技术提高，中国的酒器制作技艺臻于极盛。酒器按用途又可分为煮酒器、盛酒器、饮酒器、贮酒器四类。其中煮酒器也称为樽（也写作"尊"），用于饮酒前将酒加热，通常与"杓"相配取酒；盛酒器包括壶、区（ōu）、皿、鉴、斛（hú）、觥（gōng）、瓮等；饮酒器则包括爵、觚（gū）、觞（shāng）、觯（zhì）、斝（jiǎ）等。

商代的盛酒器

秦代以后，青铜酒器渐趋衰落；而在中国的南方，漆制酒具开始流行，成为汉、魏晋时期的主要酒器类型。在形制上，漆制酒器基本上继承了青铜酒器的形状，种类包括盛酒器、饮酒器等，其中最常见的是漆制耳杯。

伴随着制瓷技术的提高，瓷制酒器遂成为唐代以后酒器的主流，种类繁多，形制各异，釉质细腻，一直传承至今。

中国酒器除上述主要种类外，还有金银酒器、玉石酒器、玻璃酒器等，共同铸造出独树一帜的中华酒器文化。

4. 酒的别名

中国人很重视起名的艺术，一个好的酒名，读起来朗朗上口，听起来悦耳动听，且有丰厚的文化内涵。酒在中国可谓历史悠久，千年不坠。古人创造了很多酒的别称，最为大众化的叫法是"杜康"。传说杜康是最早发明酒的人，因此用其名代指酒。曹操《短歌行》："慨当以慷，忧思难忘，何以解忧，唯有杜康。"酒又名杯中物，因多以杯饮、以壶盛而得名，并常被历代诗人所引用。如晋陶潜《责子》："天运苟如此，且进杯中物"，唐韩翃《送齐明府赴东阳》："风流好爱杯中物，豪荡仍欺陌上郎"。酒亦有"青州从事""平原督邮"的说法，这一典故出自南朝刘义庆的《世说新语·术解》篇："桓公有主簿善别酒，有酒辄令先尝。好者谓'青州从事'，恶者谓'平原督邮'。青州有齐郡，平原有鬲县。从事，言到脐；督邮，言在鬲（膈）上住。"后因以"青州从事"为美酒的代称，亦省作"青州"，意思是好酒的酒气可直到脐部；而以"平原督邮"为劣酒的隐语。

此外，酒还有欢伯（因酒能令人兴奋）、酤（一夜酿成的酒）、醑（xǔ，滤去渣滓的美酒）、曲秀才、曲道士、曲居士（即酒曲，代指酒）、忘忧物、扫愁帚（因酒能浇愁忘忧）、钓诗钩（因酒能激发诗情）、百药长（古人认为酒可作药治百病）、般若汤（僧徒称酒的隐语）、红友（古人都是自己酿酒招待朋友，故称酒为红友）等称呼，

国学百科
衣食文化

不一而足。这些名目繁多的酒名，历经时间长河的磨炼，放射出灿烂的光辉，为酒文化增光添彩。

5. 酒的分类

按最新的中华人民共和国国家标准，按照造酒的方法，可以将酒分为三大类：

一是蒸馏酒，指原料经发酵后用蒸馏法制成的酒，一般度数较高，可细分为白酒和其他蒸馏酒（如白兰地、威士忌）两种。二是酿造酒，即将原料发酵后直接提取或用压榨法而取得的酒，一般度数较低，可细分为啤酒、葡萄酒、果酒、黄酒和其他发酵酒五种。三是配制酒，是用白酒或食用酒精配制而成的酒，如药酒。

按照造酒的原料及酒的品质，可以将酒分为五大类：

一是白酒，以谷物及其他富含淀粉的农副产品为原料，经发酵蒸馏而成。酒精度含量一般在30度以上，无色透明，质地纯净，醇香郁烈，味感丰厚。二是黄酒，以谷物，主要是糯米和黍米为原料，经过特定的加工酿造过程，酒精度含量一般在12度到18度之间。因其多为黄色或黄中带红的色泽，故而得名。三是果酒，是以各种含糖量高的水果为主要原料酿制而成的酒。酒精度含量一般在15度左右，如葡萄酒。四是药酒，是用各种白酒、黄酒或果酒为酒基，加入各种药材，如人参、虎骨、五加皮、五味子等，经酿制或浸泡而成的一种具有药用价值的酒。因加入不同的药材而各异，且药用价值也各不相

钦定四库全书

酒谱

酒名

宋 窦苹 撰

说文曰酴酒母也醴一宿酒也醪滓汁酒也酎三重酒也醹薄酒也醠茜酒也

酒谱

同。五是露酒，也称"香花药酒"，以蒸馏酒为酒基，配以香花异卉或从果品药材中提炼出的香料酿制而成的酒。因古人常将美酒称为"露"或"玉露"，故而得名。

按照酒精度含量的高低，还可以将酒分为三类：

一是高度酒，指酒精度含量在40度以上的酒，如白酒、白兰地等。二是中度酒，指酒精度含量在20度～40度之间的酒，如配制酒。三是低度酒，指酒精度含量在20度以下的酒，如葡萄酒、黄酒、果酒等。

此外，按照酒的香型，还可以把酒分为三类：

一是酱香型，以贵州茅台为代表，故也称"茅香型"。二是清香型，以杏花村的汾酒为代表，故也称"汾香型"。三是浓香型，以泸州老窖为代表，故也称"泸香型"。

6. 酒席上的酒官

酒官，顾名思义，是指掌管酒的官员。中国历史上有不少朝代饮酒的风气极盛，古人纵酒、闹酒的风气是很厉害的。因此，为了维持酒席上的秩序，监督饮酒、执掌赏罚的酒官便应运而生。

酒官最早出现于何时，目前尚难以定论。周代设有酒官，管理酒业生产和饮酒活动，具体可分为掌管一切酒务政令的酒正，负责具体造酒工作的酒人，负责监督饮酒仪节的酒监，供奉人饮酒的浆人等。虽然周代的酒官制度早已成为历史，但对后世影响甚大。

汉代出现了"觞政"，负责在酒宴上执行觞令，对饮酒不尽者实行某种处罚。唐代，在酒席上执掌赏罚的酒官有律录事和觥录事，律录事司掌宣令和行酒，又称"席纠""酒纠"；觥录事司掌罚酒，又称"觥使"和"主罚录事"。酒官一般相貌庄严，性格耿直，执法严峻，就算是在女子聚会的宴席上也是当罚则罚。宋代以后，大多以酒妓为酒官。酒席上设酒官的习俗也一直流传下来。明清以后多以"令官"代替，现在则俗称"酒官"。

7. 酒席中的酒令

在中国的酒文化中，最富情趣的一个内容便是酒令。

酒令诞生于西周，完备于隋唐。最初，酒令是为了节制人们饮酒而颁布的律令，体现了森严的饮酒礼仪制度；后来逐渐演变成一种饮酒时助兴取乐的游戏。一般推举一人为令官，饮者听其号令，违则处罚。这种游戏自唐代以来便极为盛行。因饮酒者的身份地位不同，酒令也有雅令与通令之分。前者要求行酒令者既要有文采和才华，又要敏捷和机智。如"引经据典""顶针续麻"（分韵联吟）"射覆猜枚"等；《红楼梦》第四十回写到鸳鸯做令官，喝酒行令的情景，这是清代上层社会喝酒行雅令的风貌。后者有"掷骰""抽签""划拳"等，很容易造成酒宴中热闹的气氛，因此较流行。但通令较为粗俗、喧闹。

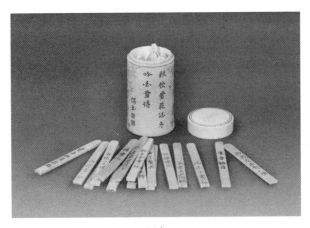

酒令

后来，在酒席上根据一定的规则行令饮酒，也叫作酒令或行酒令。行酒令的目的：一是活跃饮酒的气氛，打破席间"彼此无话"的僵局，增添饮酒的乐趣；二是维持酒席的秩序，酒是兴奋剂，三杯落肚，逞强好胜之心顿起，或自饮过度，或强灌人酒，或醉态百出，或出言无忌，而酒令一行，人人皆须遵令而行，不得乱来。凡行酒令者，须先饮尽门前杯，方能取得行令的资格。一旦成为令官，便在酒席上享有至高无上的权力。明清时期，酒令的方式和内容越来越多样化，遂成为酒文化中极富情趣的一种文化现象。在清代的《红楼梦》《聊斋志异》《镜花缘》三部古典文学名著中，就保留了不少关于酒令的记载。

8. 古今酒俗的区别

酒俗是中华民族酒文化的重要组成部分，自从酒被人们发现和利用之后，饮酒的风俗也应运而生。因时代不同，饮酒的风俗也呈现出不同风貌。关于古今酒俗的区别，主要有二：

其一，根据《史记》中对"武安起为寿"、"魏其侯为寿"、灌夫"起行酒"等故事的记载，可知汉代行酒是不用丫鬟、仆人的，就算是地位很尊贵的人也会起来给别人倒酒。如尚秉和《历代社会风俗事物考》引用了《吴志》中的记载："（孙）权既为吴王，欢宴之末，自起行酒。"可见，即便是君臣宴会，也都是自己起来倒酒。到了后来，随着封建等级制愈加严格，逐渐变成仆人、侍从或者位卑年幼者倒酒。如今，在"无酒不成席"的风尚下，酒被广泛应用于人际交往的各个方面。为别人倒酒就是为他人服务，这时候再适当地说上几句增进感情的话，便可拉近彼此的亲近感。

其二，据考证，古人吃饭的时候都不喝酒，而是饭后才喝酒，一直到唐代都是如此。从一些资料中，也确实可以看到古代的这一风俗。段成式的《许皋记·许汉阳传》中说："食讫命酒。"讫是完毕的意思，指饭后才命人上酒。唐传奇《虬髯客传》中也说："公访虬髯，对馔讫，陈女乐二十人，列奏于前，食毕行酒。"意思是李靖与红拂女去拜访虬髯客，入席后，虬髯客又叫出20位歌舞女，在面前排列演奏，乐声似从天降，不是人间的曲子。吃完饭，又行酒令喝酒。这些例子都可以证明古人饭后饮酒的风俗，与当今酒贯穿宴席全程的习俗是不同的。

9. 历史名酒

中国是酒文化的故乡，也是一个生产酒的超级大国。中国历史上有许多名酒。

春秋时期，最负盛名的就是杜康酒。杜康酒是河南省的地方名酒，具有清冽透明、醇正甘美、回味悠长的独特风味。传说杜康在河南洛阳龙门九皋山下，开了一个酒舍。一天，豪饮名士刘伶来到这里，抬头看见店门上贴着一副对联："猛虎一杯山中醉，蛟龙两盅海底眠"，横批："不醉3年不要钱"。刘伶自觉酒量大，连喝三杯，顿感头重脚轻，天旋地转，发现不妙，忙告辞离去。3年以后，杜康来到刘伶家讨要酒钱，一打听，才知刘伶已经死去3年。刘伶的妻子哭闹不止，拉住杜康非要去打官司。杜康笑着说："刘伶没有死，他是醉过去了。"他们到墓地打开棺材一看，脸色红润的刘伶竟然睁开惺忪的睡眼，伸开双臂打了一个哈欠，嘴中吐出一股喷鼻酒香，惬意地说："啊，真香啊。"这便是"天下好酒数杜康，酒量最大数刘伶，饮了杜康酒三盅，醉了刘伶三年整"故事的由来，令人遗憾的是杜康酒的酿造技术早已失传。

另外，值得一提的还有唐代的葡萄酒和屠苏酒。葡萄酒是唐代非常流行的一种果酒，以葡萄为原料，经过发酵酿制而成。一般认为葡萄是张骞出使西域时，从国外引入栽种的。它除了作为一种水果可供人食用外，还可以造酒入脯，所酿造的酒，有赤、白等多种颜色。屠苏酒是一种古代春节时饮用的酒，也写作"屠酥"或"酴酥"。据说能"屠绝鬼气，苏醒人魂"，除邪气、避瘟疫。饮酒的顺序是，先从年幼者开始饮，最后年长者饮；饮酒的时间，大概是从子夜时分刚刚进入新年的那一刻开始。据说，"一人饮之，一家无疾，一家饮之，一里无病"。

到了明代，王世贞在《酒品前后二十绝》组诗每首诗的诗序中，简要地介绍了20种明代名酒的产地及其特点，如羊羔酒、秋露白、麻姑酒等。

十 酒文化

10. 当代名酒

中国酒的历史悠远绵长，酿造出了种类繁多的名酒。现在许多地方的名酒，都是从古代发展而来的，主要是从明清时期发展而来。

品种繁多的中国名酒在国际上也享有很高的声誉。自新中国成立以后，曾数次召开全国性的评酒会议，邀请品酒专家进行名酒评定。1952年，全国第一次评酒会评出了"八大名酒"，即茅台酒（贵州仁怀茅台镇）、汾酒（山西汾阳杏花村）、西凤酒（陕西凤翔柳林镇，今宝鸡凤翔区柳林镇）、泸州大曲酒（四川泸州）、绍兴加饭酒（浙江绍兴）、红玫瑰葡萄酒、味美思（山东烟台）、金奖白兰地（山东烟台）。

1963年，我国举办了全国第二次评酒会，会上评出了"十八大名酒"，即茅台酒、汾酒、西凤酒、泸州老窖特曲、绍兴加饭酒、红玫瑰葡萄酒、味美思、金奖白兰地、五粮液（四川宜宾）、古井贡酒（安徽亳县）、全兴大曲酒（四川成都）、夜光杯中国红葡萄酒（北京）、竹叶青酒（山西汾阳杏花村）、白葡萄酒（山东青岛）、董酒（贵州遵义）、特制白兰地（北京）、沉缸酒（福建龙岩）、青岛啤酒（山东青岛）。

1979年，全国第三届评酒会评出了"十八大名酒"，即茅台酒、汾酒、五粮液、古井贡酒、洋河大曲酒（今江苏宿迁洋河镇）、剑南春（四川绵竹）、中国红葡萄酒、烟台味美思、沙城白葡萄酒、烟台金奖白兰地、董酒、民权白葡萄酒、泸州老窖特曲、绍兴加饭酒、山西竹叶青、青岛啤酒、烟台红葡萄酒、龙岩沉缸酒。

一些从古代流传至今的名酒，往往伴随着大量的文人吟咏和一些优美的民间传说。如前面所讲的杜康酒的传说，使人在品酒的同时，可以获得精神上的享受。

11. 女儿酒与女儿红

女儿酒又名女儿红，是中国的陈年佳酿。在绍兴，有一种传统风俗：当地人生了女儿满月时，父母为女儿酿制数坛老酒，并埋入地下，一来算是庆祝，二来是为了留作纪念。等到女儿出嫁的那一天，再将贮藏的酒拿出来用作陪嫁或招待宾客。地下是贮藏酒的绝佳场所，这种特殊的环境能隔绝外界空气，温度又低，酒气挥发少，故女儿酒味道绝美。

关于此酒为什么叫"女儿红"，还要从一个故事说起。很久以前，绍兴东关有一员外，从邻村娶回一个貌美如花的富家小姐，尽管夫妻二人非常恩爱，但是妻子怎么也怀不上孩子。员外急坏了。一日，他听说邻县有座庙，庙里有个赐子仙人非常灵验，便前去求取仙药。妻子服下仙药之后，果真有了身孕。员外激动万分，为了庆祝这天大的喜事，他命人专门酿造了二十几坛黄酒，准备在孩子满月那天招待众人。10个月后，妻子终于诞下一个漂亮的千金，当这位小千金满月时，按当地习俗，员外需大宴各方宾客，以示吉利。于是员外就把之前酿造的黄酒搬了出来，招待十里八乡的宾客。酒席散了之后，员外见院子里还有好几坛酒没有开启，又听人说酒越放越香，就让下人把剩下的酒都埋在自家花园的桂花树下。光阴似箭，转眼间员外的千金已长大成人，员外左挑右选，帮女儿选定了一个佳婿。喜宴间，老员外正与宾客欢庆畅饮。仆人慌忙跑来，说酒都喝完了。员外想到桂花树下还有埋藏了18年的好酒，可解一时之急，连忙招呼下人把那些酒挖出来招待宾客。酒坛开封之后，酒香扑鼻，沁人心脾。众宾客竞相品尝，拍手称好。饱读诗书的女婿情不自禁地赞道："埋女儿红，闺阁出仙童。"

自此以后，附近的村民纷纷效仿员外的做法，渐渐在绍兴一带形成了"生女必酿女儿酒，嫁女必饮女儿红"的习俗。

十一 茶文化

1. 茶的发现与应用

在日常生活中，茶是一种极为普通的饮料。但是，在中国的饮食文化中，茶文化产生的时间比酒文化晚得多。最初茶只是被作为一种药材，而非饮品。据《神农本草经》记载："神农尝百草，日遇七十二毒，得荼而解之。"其中的"荼"便是茶，传说神农氏为了治病救人，到各地采集草药。他为了验证草药的药性，遇药必尝，亲自体验；一日之中遇到七十二种毒，都是靠茶来解毒的。后来，随着古人对茶的深入研究，以及对其色、香、味的不断认识和利用，逐渐将茶从药材中分离出来，而变成一种清热解渴的饮料，逐步成为人们日常生活中不可缺少的一部分。

据史料记载，西汉时期，人们已经有了饮茶的习惯，茶叶贸易已初具规模；三国时期，饮茶已经非常流行。据《三国志·韦曜传》记载："（孙）皓每飨宴，无不竟日，坐席无能否，率以七升为限，虽不悉入口，皆浇灌取尽。曜素饮酒不过二升，初见礼异时，常为裁减，或密赐茶荈（chuǎn，茶的老叶，即粗茶）以当酒。"韦曜酒量小，孙皓便赐茶给他。可见，当时不仅纵酒成风，而且可以以茶代酒。到了魏晋南北朝时期，饮茶已经成为上流社会与文人群体所推崇的风尚。

隋、唐、宋、元时期是我国封建社会的鼎盛时期，也是古代茶业的兴盛阶段。茶从南方传到中原，再从中原传到边疆地区；消费群体扩展至普通百姓，茶叶逐渐发展成为举国之饮。特别是宋代，民间斗茶之风盛行不衰，"开门七件事，柴米油盐酱醋茶"，饮茶已成为普通百姓生活中不可或缺的一部分。

2. 茶的故乡

中国是茶文化的故乡，茶文化的发祥地，被誉为"茶的祖国"，是世界上种茶最早、制茶最精、饮茶最多的国家。世界各地茶叶的种植、采制等技术都是直接或间接从中国传过去的；世界各国"茶"的发音，也是由中国各地不同的方言演变而来的。比如茶在英语中为tea，便是从闽方言的"茶"字发音音译过去的。

唐代陆羽在《茶经》第六篇中说："茶之为饮，发乎神农，闻于鲁周公。齐有晏婴，汉有扬雄、司马相如，吴有韦曜，晋有刘琨、张载、远祖纳、谢安、左思之徒，皆饮焉。滂时浸俗，盛于国朝。"意思是，茶的发现与利用始于神农氏，到了鲁周公时正式闻名于世，历史上的很多文人名士都喜好饮茶。神农氏是中国上古部落联盟首领，距今约有5000年，从中可看出中国的茶文化由来已久。

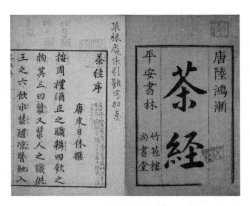

《茶经》

在中国，唐代以前无"茶"字。《说文》中不见"茶"字，只有"荼"字。荼，读tú，"荼"本意是"苦菜"。《诗经》中说："采荼薪樗，食我农夫"（《豳风·七月》），"谁曰荼苦，其甘如荠"（《邶风·谷风》）等。直到唐代，著名的茶史学家陆羽将"荼"字减一画，才开始写作"茶"。

如今，茶已成为我国的全民饮品，饮茶之风也风靡全球，茶成为全球三大饮料（茶、咖啡、可可）之首，是世界上最受欢迎、最有益身心的一种天然饮料。可以说茶的发现与应用，不仅推进了中国的文明进程，而且极大丰富了全世界人民的物质和精神生活。

3. 茶文化的发展与传承

就茶文化的发展而言，大致可分为四个时期。

先秦两汉、魏晋南北朝是茶文化的形成时期。当时已经有了吃茶、饮茶的记载，但只限于少数人，并没有普及。

唐代是茶文化的成熟时期，饮茶的风气极为盛行。据《封氏闻见录》记载，唐代"茶道大行，王公朝士无不饮者"。这时候人们喝茶，不仅讲究茶叶的产地和采制，而且讲究饮茶的环境和器具，以及饮茶的礼节和操作方式；并且在饮茶的方法上日益翻新，逐渐形成了一些约定俗成的规矩和仪式，出现了各种各样的茶宴。从唐代开始，中国的茶文化逐渐传播到世界各地。

宋元时期是茶文化的发展、改良时期，制茶技术已经有了明显的进步。随着城市经济的发展，宋代的茶馆已是鳞次栉比。当时著名的茶叶品种有"龙""凤""龙团""雨前""大方""胜雪"等数十种；并且已经有了砖茶，当时称为"茶饼"或"饼茶"。到了元代，饮茶已成为日常生活中极为平常的事。在元杂剧中，老旦上场后所说的定场白一般都是："早晨起来七件事，柴米油盐酱醋茶。"可见，茶已成为普通家庭妇女早晨起来的七件家务事之一。同时，元代还改革了饮茶的方法，不再在茶中添加其他调料，而是纯粹地煎茶或泡茶。一般认为，泡茶法就是元代首创的。

明清时期可视为茶文化的艺术化和生活化时期。到了明代，流行了五六百年的固型茶最终被淘汰，散型茶进一步盛行。饮用的方法也由煮茶改为泡茶。伴随着制茶方法和饮茶方法的改进，明代饮茶的过程也变得更为简单。人们只注重茶品、水质、茶具，而不再讲究其他的内容，人们饮茶的习惯已经与现在差别不大。虽然明清时期人们对茶文化的内容有所舍弃，但对该讲究的内容丝毫不含糊。如在茶器、茶具的选择上，要求陶、瓷、紫砂土质良好、制作精巧、造型高雅，尤以景德镇的瓷器和宜兴的紫砂壶最受青睐。

4. 古代喝茶的方法

茶叶被我们的祖先发现以后，它的饮用方式先后经历了几个阶段的发展演化，才变成今天这种"用开水冲泡散茶"的饮用方式。古人饮茶的方法与现在迥然不同，因为茶叶一开始是被作为一种药来使用的，所以，开始时的饮茶方法与我们现在煎中药差不多。不同的历史时期，喝茶的方法是不一样的。概括说来，自古至今喝茶的方法大致有五种。

一是吃茶法，或称"煮茶法"。这是最早的一种喝茶方法。根据神农尝百草时中毒，用茶叶解毒的传说，现在的人推测，茶叶最早是被作为一种药材利用的。一开始，古人可能是直接从野生茶树上采下细枝嫩叶，生吃干嚼；后来，才将茶树的叶子加水煮成汤汁饮用。到了春秋战国时期，齐相晏婴已经开始饮茶，开创了中国饮茶的先河。但当时饮茶的具体方法，目前尚不得而知。

二是烹茶法。从汉代开始，饮茶渐成风尚，但主要流行于上层社会和南方地区。两汉、魏晋时期的饮茶方法是，先将茶叶用茶磨碾成细末，再加上油膏、米粉之类的东西制成茶团或茶饼（与现在的砖茶不同）；喝茶的时候，先将茶团烤软、捣碎，再放上葱、姜、盐、橘子皮、枣、薄荷等，一同煎煮。这就是所谓的"煮茶法"或"烹茶法"。在三国魏张揖编集的《广雅》及明代曹学佺撰写的《蜀中广记·卷六十五·方物记第七·茶谱》中，都对烹茶法有比较详细的记载和介绍。

三是煎茶法。煎茶法是唐代陆羽首创的一种喝茶方法，其实"煎"就是"煮"。与前代不同的是，唐人在制作加工茶叶的时候不再添加油膏、米粉之类的东西，但成茶仍为团状或饼状；同时，煎茶的时候也不再添加其他作料，只是加少许盐调味。

四是点茶法。点茶法是宋代出现的一种喝茶方法。其基本方法是：先将碾碎的茶叶直接放入茶盏中，再把瓶里的沸水注入茶盏，点水时要喷泻而入，水量适中，不能断断续续。据说，宋代时点茶法传入日本，现在日本茶道中的抹茶道采用的就是点茶法。

　　五是泡茶法。从元代开始，人们喝茶的方法又有了较大变化。就煎茶法而论，人们开始直接煎煮焙干茶叶，而不再事先烘制茶团，也不再添加其他作料；同时还出现了泡茶的方法，即将焙干、制作好的茶叶直接放入碗中，用开水冲泡。到了明代，随着茶叶加工方式的改革及紫砂壶、瓷茶碗的出现，泡茶法开始流行。明太祖朱元璋曾经亲自下诏："罢造龙团，惟芽茶以进。"这里所说的"芽茶"，也就是我们现在所说的散茶叶。此后，泡茶法一直相沿至今。

5. 茶圣陆羽与《茶经》

　　对中国茶文化贡献最大的一个人是陆羽。陆羽（约733—约804），字鸿渐，是唐代复州竟陵（今湖北天门）人。陆羽出生后被父母遗弃，被禅师带到寺庙中养育。他一生清贫，却对茶叶有浓厚的兴趣，长期进行调查研究，擅长品茗，曾亲自育种栽茶。他自号茶山御史，后人称之为"茶神"或"茶颠"。唐上元初年（760年），陆羽隐居浙江湖州苕溪，完成了世界上第一部茶论专著《茶经》。

　　《茶经》共分3卷，共10章，涉及了茶文化的起源，采茶、制茶的工具与方法，茶叶的烹煮用具，饮茶的风俗与古今茶事，茶的品鉴等各方面的内容，称得上是茶领域的百科全书。《茶经》虽然篇幅不长，但是一部集前代茶文化之大成的作品。它为中国茶文化奠定了基础，也提供了

茶圣陆羽

最早、最基本的指导原则，为中国茶文化的进一步发展做出了巨大贡献。

传说，陆羽写成《茶经》后，为了进一步验证书中的内容，唐代宗广德二年（764年）暮秋，乘船到浙江德清县三合乡杨坟一带进行实地考察，并传播种茶、饮茶的知识。当地人在陆羽的影响下，形成了一种特殊的茶俗，并一直保持到现在，被称为杨坟茶俗。杨坟人每年每户平均消费茶叶5.5斤，人均喝茶1000多碗，是全国饮茶最多的地区之一。

6. 宋代的斗茶

斗茶大致出现于唐代中期。无名氏所写《梅妃传》记述了唐玄宗李隆基与他的宠妃梅妃在宫中斗茶取乐的事情。但书中描写简略，仅一语带过，没有详细记录当时斗茶的具体情形。

斗茶图

到了宋代，饮茶之风大盛，对茶叶的采制、品饮都十分讲究。这一时期，"斗茶"之风流行。

斗茶，又叫"斗茗""茗战"，是一种品评茶质量优劣的竞赛活动。竞赛的内容主要包括三个方面：一是茶，包括茶的品种、采摘、制作等；二是水，包括水的来源、水质、成分等；三是器，即茶具，包括茶具的质料、特色等。斗茶之际，参赛人员各自夸耀自己茶的优点，优者取胜。此外，斗茶胜负还有一个标准，就是看汤花。一是汤花的颜色要鲜艳、洁白，以纯白为最佳，青白、灰白、黄白次之，这与茶叶的采摘、制作方法有关；二是汤花的持续时间要长久，这与茶末的研碾、点汤有关。汤花一散，盏面便露出水痕，所以水痕早出者败，晚出者胜。

据记载，宋代斗茶盛行与宋徽宗赵佶好茶有关。宋徽宗御笔亲作《大观茶论》，在其中大谈斗茶之道。由于斗茶得到朝廷的赞许，举国上下，从富豪权贵、文人墨客，到市井庶民，都以此为乐。可以说，斗茶推动了宋代茶叶生产和烹沏技艺的发展。北宋文学家范仲淹曾作《和章岷从事斗茶歌》，生动地描绘了当时的斗茶盛况。

近年来，全国各产茶区召开的名茶评比会，实际上就是古代斗茶活动的延续和发展。

7. 泡茶用水

自古以来，人们在"谈茶"时总免不了"论水"，有道是"水为茶之父"。水是体现茶色、香、味、形的介质，如果水质欠佳，茶叶中的有益成分受到破坏，营养成分亦得不到发挥，便无法给人带来物质与精神的双重享受了。

古人对泡茶所用的水很是讲究，唐代陆羽在其《茶经·五之煮》中首次提出鉴别茶水的标准："其水，用山水上，江水中，井水下。"因为山水洁净，出自山峦，含有对人体有益的微量元素，能使茶叶的色、香、味、形得到最大限度的发挥；江水属地面水，所含杂质多，但因远离人烟所受的污染小，仍不失为沏茶好水；井水属地下水，易受污染，用来沏茶会损害茶味。明代文人对饮茶用水的讲究达到了登峰造极的程度，除了使用泉水、江水、井水外，还流行雪水、雨水，甚至开始使用露水、竹沥水等。

关于古人择水的标准，具体而言，可概括为清、活、轻、甘、冽。清就是水澄清无垢，活就是水要有源有流，轻就是水的质地轻，甘就是水含在口中有甜味，冽就是水在口中有清凉感。我们现在常饮用的自来水，虽经过消毒，但含大量氯气，若用来沏茶，会损害茶的香味与色泽；最好将水贮存于缸内一昼夜，待氯气挥发后再用于沏茶，或将水煮沸以驱散氯气。

总之，只有好茶与好水相结合，才是美的享受。

8. 茶叶的分类

由于茶叶的品种很多，故其分类方法也有多种。常用的茶叶分类方法主要有以下两种。

茶叶

根据制作方法的不同，并结合茶叶的特点，可将茶叶分为绿茶、红茶、青茶（即乌龙茶）、白茶、黄茶和黑茶六大类。绿茶为不发酵茶，因其干茶色泽和冲泡后的茶汤、叶底的色泽以绿色为主基调而得名。红茶为发酵茶，因其茶汤、叶底的色泽均为红色而得名。青茶又称乌龙茶，属于"半发酵"茶，兼有红茶和绿茶的优点，既有绿茶的鲜爽，又有红茶的甘醇，是两者的完美结合。白茶，顾名思义，其芽叶上披满白色茸毛，素有"绿妆素裹"之美感，加工时不炒不揉，晒干或用文火烘干，所以能使白色茸毛在茶的外表完整地保留下来。黄茶的典型特点是"黄叶黄汤"，属于轻发酵茶。而黑茶因其成品茶的外观呈黑色而得名，属于全发酵茶。

按茶叶的制造及生物化学变化的不同，可将茶叶分为基本茶和再加工茶两大类。基本茶根据茶多酚氧化程度（发酵程度）及茶汤颜色可分为绿茶、红茶、乌龙茶、白茶、黄茶、黑茶六大类。再加工茶是用基本茶作原料，经再加工、深加工而制成的茶或茶饮料，主要有花茶、紧压茶、萃取茶、果味茶、药用保健茶等类别。

除此之外，茶叶还有多种分类方法，如按生产季节不同，可分为春茶、夏茶、秋茶、冬茶四类；按产地不同，可分为川茶、浙茶、闽茶等。

9. 供春壶与孟臣罐

"工欲善其事，必先利其器。"人们品茶时常常把盏玩壶，要想泡好一杯茶，必须有一套好的茶壶。茶壶中最为世人称道的是江苏宜兴（古名阳羡）的紫砂壶。宜兴紫砂壶制作工艺精湛，色泽古朴凝重，造型千姿百态。其命名方式有很多种，如用工匠姓名命名的"供春壶"与"孟臣罐"，便涉及对宜兴紫砂茶具做过重大贡献的两个人——供春与惠孟臣。

茶壶

供春（约1506—1566），据考证为明弘治年间生人，是明代官吏吴仕（号颐山）的书童。吴仕带着供春在宜兴东南的金沙寺读书时，寺里有一僧人善做细泥陶茶具，供春抽空便跟着僧人学做茶壶。僧人所制的树瘿（yǐng）壶，据说是仿造寺里一棵白果树上的树瘿制成的，形状古朴，生动逼真，受到好评。供春后来离开了吴仕家，摆脱了仆从的生活，专门从事制陶事业。人称其壶为供春壶，供春是紫砂壶历史上第一个留下名字的壶艺家，有"供春之壶，胜于金玉"的说法。

惠孟臣，生卒年不详，大约生活于明代天启到清代康熙年间，是当时的制壶名手。他的壶艺出众，独树一帜，作品以朱紫色居多，白泥者较少；以小壶居多，中壶较少，大壶更是罕见。他制作的紫砂壶大巧若拙，后世称为"孟臣壶"。体积小、造型奇、工艺精、光泽莹润、线条流畅，是孟臣壶的突出特征。孟臣壶在17世纪末外销欧洲各地，对欧洲早期的制壶业影响很大。

10. 迎客待茶

迎客待茶是民间普遍的待客礼仪。通常客人进门落座后，主人马上就会给客人泡一壶茶，有些地方也叫"下茶叶"。虽然这种待茶的习俗不完全符合古礼，但是各地也形成了一些约定俗成的规范。

一是茶叶种类，因人因地而异。民间大多是喝"大叶茶"，讲究的人家或富裕的家庭则是喝"小叶茶"；现在一般喝绿茶或乌龙茶（尤以铁观音为上）。

二是茶具讲究。喝茶的人一

迎客待茶

般不用成套的大茶壶，而用小茶壶，并以紫砂壶为上品，南泥壶为中品，瓷壶为下品。

三是倒茶要浅。俗话说"茶要浅，酒要满"，又说"茶七酒八"，指的就是倒茶的标准。

四是壶杯不空。如果一壶茶不能将所有的茶杯倒满，可以将每杯茶倒得浅一点，但绝对不能将茶壶中的水倒尽。因为茶水一旦倒尽，茶叶也就没味了。同时，也不能随便倒掉茶杯里的茶根（即茶杯里剩余的茶水），因为民间礼俗规定，只要倒掉茶根，说明客人已经喝足，主人便不再为客人添茶倒水了。

五是不能浮茶。如果一壶茶倒了几次后颜色变浅、味道变淡，一般不能再往茶壶里添茶叶，俗称"浮茶"；而应该把残茶倒掉，重新泡一壶新茶。因为浮茶是对客人不敬的表现。

可见，迎客待茶之道也是很有讲究的。

11. 端茶送客

在中国，客来敬茶是由来已久的传统礼俗，是体现文明的待客之举。来客相见，主人或仆役献茶，主人认为事情谈完了，便端起茶杯请客用茶。这便是端茶送客了。

据朱德裳《三十年见闻录》记载：一个新上任的县令于炎夏之时前去拜谒巡抚大人，按礼节不能带扇子。这位县令却手执折扇进了巡抚衙门，并且期间挥扇不止。巡抚见他如此无礼，就借请他脱帽宽衣之际把茶杯端了起来。左右侍者见状，立即高呼"送客"。县令一听，连忙一手拿着帽子，一手抓着衣服，狼狈地退了出去。清代，下属拜见上司，上司虽让侍者泡茶相待，但大都不喝。当上司举起茶杯做欲喝状时，那就表示下"逐客令"，侍者会立刻高呼"送客"。主人便站起身来送客，客人也自觉告辞。这样的惯例，避免了主人想结束谈话又不便开口，客人想告辞又不好意思贸然说出来的尴尬场景。

如今这种"端茶送客"的规矩除了能在影视剧中看到，生活中已不复存在。但在有些客人说起话来收不住话匣子，又不顾及主人是否有时间有兴趣去听的时候，人们又多么希望有"端茶送客"这样一种约定俗成的习俗，让双方都能体面收场。

12. 工夫茶

所谓工夫茶，并非一种茶叶或茶类的名字，而是一种泡茶的技法。之所以叫工夫茶，是因为这种泡茶的方式极为讲究，操作起来需要一定的技艺。清代袁枚在《随园食单》中，也曾对工夫茶作了生动的描写："杯小如胡桃，壶小如香橼（yuán），每斟无一两，上口不忍遽（jù，立刻，马上）咽，先嗅（xiù，闻）其香，再试其味，徐徐咀嚼而体贴之，果然清香扑鼻，舌有余甘，一杯以后，再试二杯，令人释燥平矜，怡情悦性。"

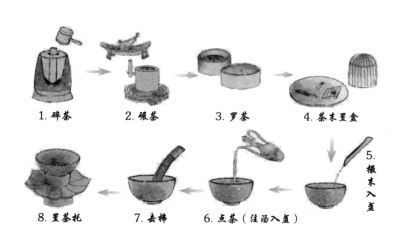

1. 碎茶 　　2. 碾茶 　　3. 罗茶 　　4. 茶末置盒

5. 撮末入盏

6. 点茶（注汤入盏）　　7. 击拂　　8. 置茶托

工夫茶

工夫茶起源于宋代，在广东、福建最为盛行。工夫茶不再以大壶冲泡，而崇尚小壶泡法（重品茗、忌牛饮）；对茶器、茶具极为讲究，要求陶、瓷、紫砂土质良好、制作精巧、造型高雅。

工夫茶在操作时，首先点火煮水，再将茶叶放入冲罐中，茶叶占罐容积之七分为宜。待水开将水从较高位置冲入冲罐中，之后盖沫（用壶盖将浮在上面的泡沫抹去）使茶水清澈透明。大约冲泡1分钟，此时茶叶已经泡开，形味俱佳，便可以斟茶了。斟茶时，各个茶杯围在一起，以冲罐巡回穿梭于四个杯子之间，直至每杯均达七分满。壶中剩下的少许最浓茶汤需一点一抬头地依次点入各杯中。潮汕人称此过程为"关公巡城"和"韩信点兵"。四个杯中茶水的量与茶汤颜色须均匀相同，方为上等工夫。最后，主人将斟好的茶，双手依长幼次序奉于客前。

工夫茶既有明伦序、尽礼仪的儒家精神，又有优美的茶器茶艺，是精神与物质、内容与形式的完美统一。